Ossatures métalliques

Établissement public au service de l'innovation dans le bâtiment, le CSTB, Centre Scientifique et Technique du Bâtiment, exerce quatre activités clés : la recherche, l'expertise, l'évaluation, et la diffusion des connaissances, organisées pour répondre aux enjeux de la transition écologique et énergétique dans le monde de la construction. Son champ de compétences couvre les produits de construction, les bâtiments et leur intégration dans les quartiers et les villes.
Avec plus de 900 collaborateurs, ses filiales et ses réseaux de partenaires nationaux, européens et internationaux, le groupe CSTB est au service de l'ensemble des parties prenantes de la construction pour faire progresser la qualité et la sécurité des bâtiments.

Le présent guide est destiné à commenter et à expliquer certaines règles de construction et les documents techniques de mise en œuvre. Il ne se substitue en aucun cas aux textes de référence, qu'ils soient réglementaires (lois, décrets, arrêtés...), normatifs (normes, DTU ou règles de calcul) ou codificatifs (Avis Techniques, « CPT »...) qui doivent être consultés.

Le CSTB décline toute responsabilité quant aux conséquences directes ou indirectes de toute nature qui pourraient résulter de toute interprétation erronée du contenu du présent guide.

Ce guide a été réalisé d'après les documents de référence déjà publiés à la date du 2 décembre 2020.

ISBN 978-2-86891-717-1

GUIDE PRATIQUE

Ossatures métalliques

Maisons individuelles, bâtiments résidentiels, locaux d'activité et bureaux

En application du NF DTU 32.3

Xavier THOLLARD

CSTB
ÉDITIONS

Couverture : Jean-Marc LAUBY

Illustrations : Jean-Marc LAUBY

Remerciements

Nous remercions Pierre-Olivier MARTIN du CTICM pour sa relecture.

Nous remercions l'Institut de Recherche et d'Innovation sur la Santé et la Sécurité au Travail (IRIS-ST) pour la rédaction des encadrés « prévention sécurité/santé ».

IRIS ST
SANTÉ & SÉCURITÉ DES ARTISANS DU BTP-PAYSAGE

SOMMAIRE

Introduction

Que ce soit pour la construction de maisons individuelles ou celle de petits bâtiments d'habitation collectifs, il existe bon nombre d'avantages à choisir une ossature en acier : légèreté du matériau, facilité de montage, large éventail de possibilités constructives, etc.

Outre ces qualités intrinsèques, les ossatures métalliques présentent des facilités pour être associées à d'autres matériaux : leurs différentes formes (notamment dans le cas d'éléments minces formés à froid), leurs variétés d'assemblage disponibles rendent les possibilités nombreuses et permettent d'atteindre des performances intéressantes du point de vue acoustique, thermique, etc. Il faut également mentionner de larges possibilités de préfabrication, ce qui peut améliorer sensiblement la précision et la qualité de l'exécution de l'ouvrage fini.

Ajoutons ici que l'acier est recyclable à 100 % et que près de 50 % de sa production provient du recyclage de métaux.

Malgré tout, on constate que la part des constructions métalliques pour les ouvrages d'habitation est assez variable d'un pays à l'autre : environ 15 % pour le Japon et la Suède et seulement 2 % en France, où le potentiel de développement est donc relativement important.

Ce guide propose quelques principes de conception et de mise en œuvre pour les ouvrages à ossature en acier de petites dimensions (maisons individuelles et bâtiments collectifs). Il se base avant tout sur le DTU 32.3 « Construction d'ossatures en acier pour maisons et bâtiments résidentiels ».

Il se divise en plusieurs chapitres :

- le contexte de l'opération (chapitre 2), qui définit les intervenants et les phases de l'opération ;
- les exigences de conception et de dimensionnement (chapitre 3), qui décrit les principes d'analyse, de calcul et les techniques courantes de construction ;
- les dispositions de mise en œuvre de l'ossature métallique (chapitres 4, 5 et 6) ;
- les exigences supplémentaires sur les éléments formés à froid (chapitre 7) ;
- les interfaces avec le second œuvre (chapitre 8) ;
- la protection de l'acier contre la corrosion (chapitre 9).

CHAPITRE 1

Domaine d'application du guide

Ce guide concerne :

Les ouvrages visés par le NF DTU 32.3 qui sont des ouvrages d'habitation comme :

- les maisons unifamiliales isolées, jusqu'à R + 1 + combles ;
- les maisons jumelées ou en bande, jusqu'à R + 1 + combles ;
- les bâtiments d'habitation collectifs, jusqu'à R + 3 + combles ;
- les locaux d'activité et de bureaux, non classés dans la catégorie des établissements recevant du public, jusqu'à R + 3 + combles.

Les ouvrages dont le contreventement est assuré par :

- des palées de stabilité (croix de Saint-André) ;
- des portiques.

Nota : ne sont visées que les structures comprenant un système unique de contreventement par direction. Les structures comprenant à la fois des portiques et des palées de stabilité, pour une direction donnée, ne sont pas visées dans le NF DTU 32.3.

ATTENTION

Sont exclus du domaine d'application du NF DTU 32.3 :
- les kits et unités de constructions préfabriquées (dont les constructions modulaires) ;
- les ouvrages où il est prévu des soudures exécutées sur chantier ;
- les ouvrages où il n'est pas prévu de protection contre la corrosion, voir chapitre « Durabilité, protection de l'acier » ;
- les ouvrages comprenant des éléments de structure principaux d'épaisseur inférieure à 1,5 mm.
- les bâtiments industriels ;
- les ouvrages de partitions intérieures et d'enveloppes extérieures (visés par d'autres DTU).

OBSERVATION

La limitation du domaine d'emploi en termes d'épaisseur ne concerne pas les éléments de coffrage pour planchers, collaborants ou non, décrits chapitre « Conception, dimensionnement ».

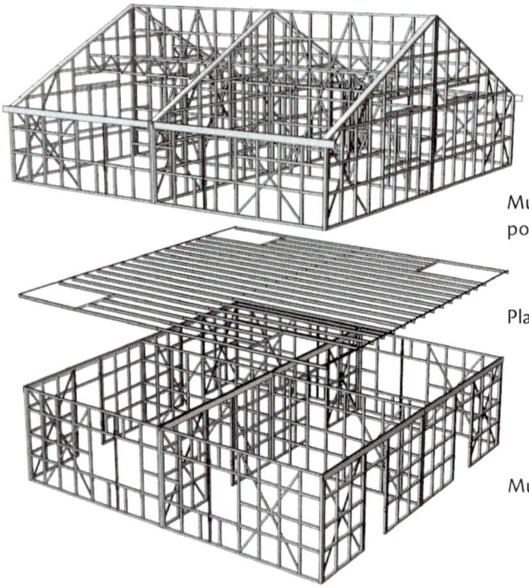

Figure 1 : Ossature métallique d'une habitation à un étage

CHAPITRE 2

Contexte de l'opération

1. Intervenants

Les principaux intervenants dans l'acte de construire sont :

- le maître d'ouvrage qui :
  - commande l'ouvrage ;
  - effectue les démarches préalables (permis de construire, demande de raccordement aux réseaux, etc.) ;
  - souscrit une assurance dommages-ouvrage ;
  - peut contrôler, lors des travaux, l'évolution et la conformité au projet ;
- le maître d'œuvre (l'architecte et/ou le bureau d'études techniques) qui :
  - établit les plans de projet et le DCE (dossier de consultation des entreprises) en fonction de la demande du maître d'ouvrage ;
  - contrôle, lors des travaux, l'évolution et la conformité au projet ;

> **OBSERVATION**
>
> Le dossier de consultation peut être rédigé suivant les principes décrits dans l'annexe A du DTU 32.3 : « Conseils en vue de la rédaction du dossier de consultation des entreprises ».

- l'entreprise de travaux qui :
  - s'engage à réaliser tout ou partie des travaux suivant un contrat ;
  - établit les plans d'exécution, en fonction des plans guides établis par le maître d'œuvre ou le maître d'ouvrage ;
  - rend compte du planning des sous-traitants retenus ;
  - exécute les travaux en suivant les plans de montage ;
  - réceptionne l'ouvrage avec le maître d'œuvre et/ou le maître d'ouvrage.

2. Types d'opération

Lors d'un projet de construction métallique d'une maison individuelle ou d'un bâtiment résidentiel, plusieurs types d'opération sont possibles :

- le contrat CMI (contrat de maison individuelle) : l'entreprise de travaux s'engage à réaliser l'ensemble des travaux de construction dans un délai fixé au contrat. En cas de retard, elle est tenue de verser des pénalités de retard. L'entreprise est l'unique interlocuteur du client ;
- l'intervention d'une ou de plusieurs entreprises en lots séparés ou en sous-traitance : le maître d'œuvre ou l'entreprise générale dans le cas de sous-traitance, prévoit les prestations à réaliser pour le gros œuvre, la VRD, le second œuvre, etc.

3. Phasage de l'opération

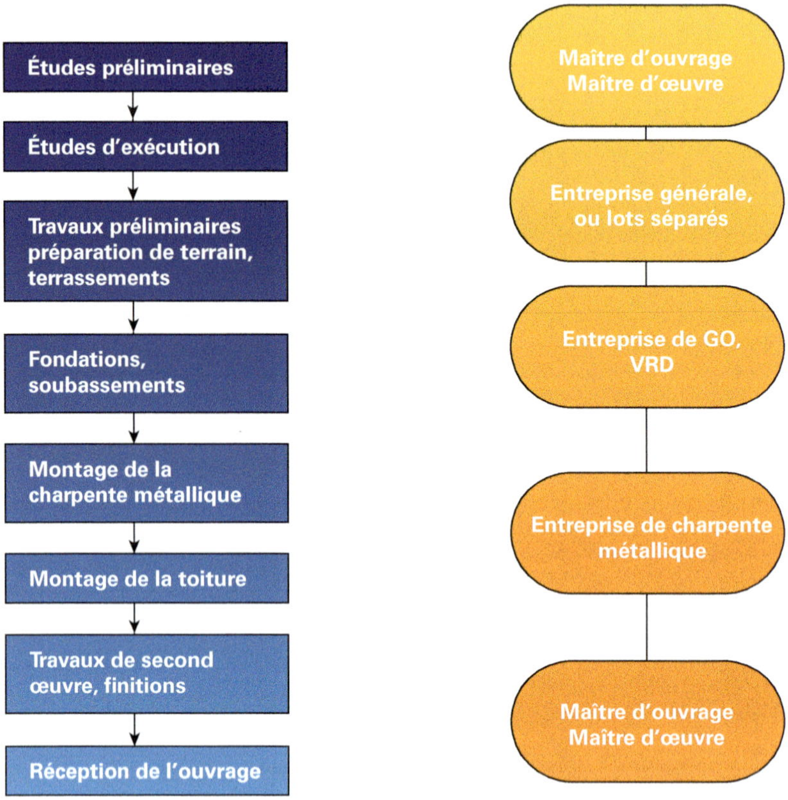

GO : gros œuvre
VRD : voirie et réseaux divers

Figure 1 : Les différentes phases d'une opération

4. Interfaces

Tout au long de l'opération, allant des études préliminaires à réception de l'ouvrage, de nombreuses interfaces de différentes natures apparaissent : entre intervenants, entre prestations, entre parties d'ouvrage. La gestion de ces interfaces est cruciale pour le bon déroulement du projet de construction d'un bâtiment à ossature métallique et pour la qualité de son exécution. Il est donc nécessaire de délimiter dès le départ et le plus précisément possible l'étendue des obligations de chacun des intervenants. Par ailleurs, la synthèse entre les différents intervenants doit permettre la compatibilité de la mise en œuvre des différentes parties d'ouvrage et de faire assurer notamment la coordination, dans les cas où la construction est composée de plusieurs fournitures d'éléments préfabriqués.

Les principales interfaces critiques sont résumées dans le tableau 1.

Tableau 1 : Principales interfaces lors d'un projet de construction à ossature métallique

Types d'interface	Observations
Interfaces entre intervenants	
Maîtrise d'œuvre et maîtrise d'ouvrage	Échanges sur la définition du projet : plans proposés, cahier des charges, etc.
Maîtrise d'œuvre et entreprise(s)	Échanges sur la conformité du projet avec la réalisation : plans d'exécution, contrôles sur site, etc. Préparation des travaux (voir chapitre 5, § 1)
Entreprise(s) : entre corps d'état	Définition précise des limites de la prestation (interfaces entre parties d'ouvrage, tolérances admissibles, procédures de réceptions partielles, etc.)
Interfaces entre parties d'ouvrage	
Fondations et ossature métallique	Réception des soubassements Voir chapitre 5, § 2
Supports de planchers et planchers	Voir chapitre 6, § 3.3
Ossature et menuiseries	Voir chapitre 7, § 1
Ossature et équipements	Voir chapitre 7, § 1 et 2
Ossature et ouvrages d'isolation	Voir chapitre 7, § 3
Ossature et revêtements intérieurs	Voir chapitre 7, § 1 et 4
Ossature et revêtements extérieurs	Voir chapitre 7, § 1 et 5

Conception, dimensionnement

Ce chapitre propose les principes généraux de conception et de dimensionnement. Il se divise en quatre parties :

- principes généraux ;
- choix des matériaux ;
- choix constructifs ;
- exigences spécifiques : ancrage aux fondations et conception en zone sismique.

1. Conception générale

1.1 Vue générale

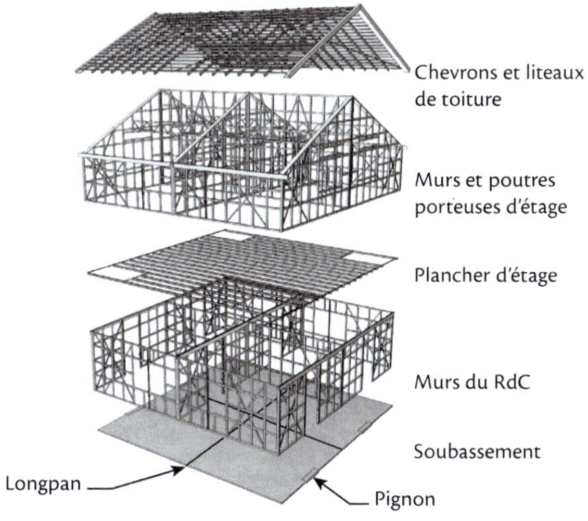

Figure 1 : Vue générale d'une ossature

Les types de structure visés par le NF DTU 32.3 sont principalement les ossatures légères, en profils minces formés à froid (voir paragraphe 4.1) ou en profils laminés à chaud (voir paragraphe 4.2).

Ces ossatures font intervenir des murs formés par des montants, en général espacés de 60 cm, reliés par des traverses horizontales et auxquels on vient assembler des éléments d'enveloppe extérieure (bardages, supports de bardages ou parements extérieurs) et des doublages intérieurs (plaques de plâtre, produits d'isolation, etc.). Le contreventement est assuré par des palées de stabilité de type croix de Saint-André ou par des murs en béton armé ou en maçonnerie chaînés.

Également visées par le NF DTU 32.3, les structures en portique (voir paragraphe 3.3) peuvent être de plusieurs types : à trois articulations, à pieds de poteaux articulés ou totalement encastrés.

PRÉVENTION SÉCURITÉ/SANTÉ

IRIS ST

Quel que soit le choix des matériaux ou du mode constructif, les opérations de conception en atelier doivent faire l'objet d'une attention particulière en matière de prévention des risques : sécurisation des découpes, des usinages, des manutentions, protection contre le bruit...

1.2 Efforts verticaux

Au stade du dimensionnement, les sollicitations verticales à prendre en compte relèvent d'actions permanentes et d'actions variables.

Les actions permanentes sont dues :

- au poids propre des éléments de structure (planchers, poutres, poteaux, toiture(s), etc.) ;
- au poids des cloisons, des faux plafonds, des revêtements de sol, etc.

Les actions variables sont dues :

- aux charges d'exploitation (poids des personnes, des équipements, etc.) ;
- aux charges de neige ;
- éventuellement, aux charges de température.

OBSERVATION

Dans certains cas, il peut être nécessaire de prendre en compte des actions provisoires liées à l'exécution (coulage du béton frais sur plancher, par exemple). Voir dans ce cas les données de la NF EN 1991-1-6 (eurocode 1, partie 1-6).

Le tableau 1 donne les valeurs de certaines charges typiques de calcul.

Tableau 1 : Charges typiques d'un bâtiment résidentiel

Type de chargement	Valeur usuelle (kN/m²)
Poids propres – Charges permanentes complémentaires	
Mur en éléments minces en acier	0,5 à 1,0
Plancher en éléments minces en acier	0,7
Plancher sur bac acier	2,5 à 3,5
Toiture légère	0,5
Toiture en tuile	0,9
Cloison légère	0,5 à 1,2
Charges d'exploitation	
Lieu d'habitation	1,5 à 2,0
Escalier	2,0 à 4,0
Circulation, parties communes	3,0

Ces actions sont à combiner suivant les principes de la NF EN 1990 (eurocode 0).

Les efforts verticaux sont transmis des planchers vers les montants. Suivant la technique de construction employée (voir paragraphe 3), les charges verticales sont transmises d'un étage à l'autre jusqu'aux fondations.

1.3 Efforts horizontaux

Système de contreventement

Le système de contreventement est conçu de manière à assurer la stabilité globale du bâtiment vis-à-vis des efforts horizontaux en les faisant transiter de leurs points d'application jusqu'aux fondations du bâtiment.

Les sollicitations horizontales à prendre en compte relèvent des actions suivantes :

- les actions variables dues aux charges de vent (voir paragraphe 4.3) ;
- le cas échéant, les actions dues à un séisme (voir paragraphe 8.1).

Ces actions sont à combiner suivant les principes de la NF EN 1990 (eurocode 0).

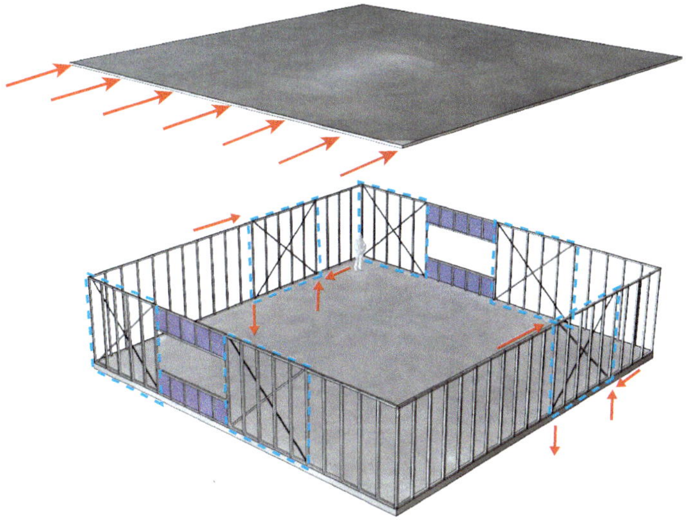

Figure 2 : Exemple de transmission des efforts horizontaux, dans le cas d'une ossature contreventée, par des palées de type croix de Saint-André

Les efforts horizontaux en tête de palée induisent :

- pour les palées de type croix de Saint-André :
  - une réaction horizontale opposée à l'effort sollicitant, en pied ;
  - une réaction verticale de traction, en pied de diagonale tendue ;
  - une réaction verticale de compression, en pied de diagonale comprimée ;
- pour les portiques encastrés :
  - une réaction horizontale opposée à l'effort sollicitant, en pied ;
  - des moments d'encastrement aux nœuds poteaux-poutres ;
  - une réaction verticale de traction ;
  - une réaction verticale de compression.

Quel que soit le système de contreventement adopté, les principes suivants doivent être respectés :

Fonction diaphragme

Afin d'assurer une répartition homogène des efforts horizontaux aux éléments verticaux de contreventement, les planchers et les toitures doivent présenter une rigidité en plan suffisante qui peut être assurée par :

- une dalle en béton armé formant diaphragme ;
- une triangulation en croix de Saint-André dans le plan du plancher ou de la toiture ;
- un réseau de poutres encastrées dans les deux directions du plan du plancher.

> **OBSERVATION**
>
> Le NF DTU 32.3 exclut les systèmes de contreventement par des collaborations de parois (tôles nervurées de toiture, panneaux de plancher, etc.).

Fonction liaison

Les éléments rigides horizontaux (planchers formant diaphragme, poutres au vent horizontales, réseau de poutres encastrées) doivent être correctement assemblés — l'assemblage transmet l'effort — aux éléments de contreventement verticaux (palées de stabilité, murs de refend, etc.).

Fonction résistance

Les palées de contreventement sont disposées et dimensionnées de manière à transmettre les efforts qui proviennent des planchers ou de la toiture vers les fondations. La résistance des palées de stabilité sous l'action du vent et, le cas échéant, du séisme, est abordée aux paragraphes 4.3 et 8.1.

> **OBSERVATION**
>
> Les palées de stabilité doivent faire l'objet de deux vérifications principales :
> - leur résistance propre ;
> - leur assemblage aux palées inférieures et leur ancrage aux fondations (voir paragraphes 7 et 8.2).

La géométrie du bâtiment et l'implantation des palées de contreventement doivent être choisies de manière à assurer la régularité de la construction, c'est-à-dire que les masses et les raideurs du bâtiment doivent être distribuées de manière la plus symétrique possible. Le paragraphe suivant, « Configuration en plan et en élévation », propose des principes pour répondre à cet objectif.

Configuration en plan et en élévation

L'application des principes suivants permet d'assurer un comportement satisfaisant de la structure vis-à-vis des actions horizontales. Le non-respect de ces principes n'induit pas de fait un risque élevé de défaillance, mais peut impliquer des justifications et des dispositions supplémentaires (surcroît d'assemblages dans des zones fortement sollicitées, par exemple).

La forme du bâtiment doit être simple et symétrique, en plan comme en élévation, afin de :

- répartir dans le plan les efforts horizontaux de façon homogène dans les palées de contreventement ;
- minimiser les effets dus à la torsion.

Configuration en plan

La géométrie en plan du bâtiment doit avoir un élancement limité (rapport longueur/largeur). Le rapport grand côté a sur petit côté b (voir figure 3) doit être limité à 2,5.

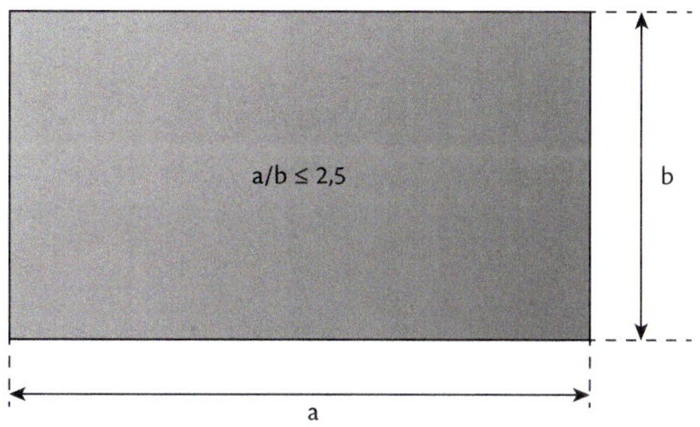

Figure 3 : Configuration en plan du bâtiment

Il convient également de limiter les retraits et les saillies en procédant comme suit :

- aucun des retraits ne peut excéder 10 % de la surface du plancher ;
- le nombre maximal de retraits par plancher est de 6 ;
- la somme de tous les retraits ne doit pas excéder 30 % de la surface du plancher ;
- les bâtiments en « L » sont proscrits.

La répartition des palées de contreventement dans le plan doit être la plus symétrique possible. Cette symétrie peut être considérée comme atteinte si, pour chaque direction considérée :

- les axes respectifs des palées sont symétriques par rapport à l'axe principal ;
- le rapport de la somme des longueurs des palées de contreventement sur une moitié de la surface en plan par la somme des longueurs des palées situées dans l'autre moitié de surface est inférieur à ± 20 %.

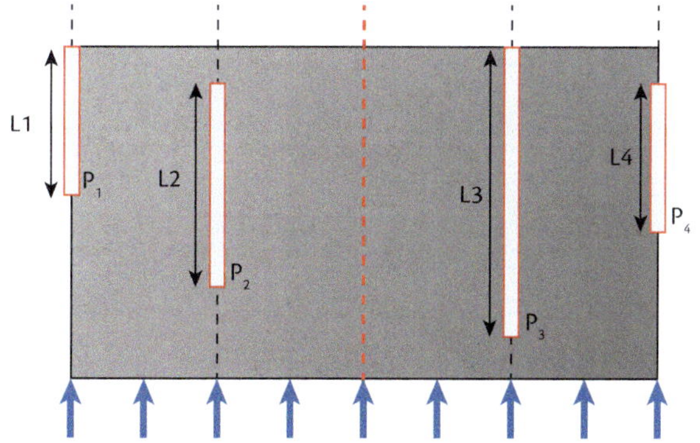

Figure 4 : Exemple de positionnement de palées de contreventement dans le plan

OBSERVATION

Dans l'exemple donné figure 4 ci-dessus, sont représentées les palées d'une seule direction. Il convient de respecter les règles identiques pour les palées disposées dans l'autre direction.

Dans l'exemple, figure 4 :

- les axes des palées P1 et P4 sont symétriques ;
- les axes des palées P2 et P3 sont symétriques ;
- (L1 + L2) / (L3 + L4) est compris entre 0,8 et 1,2.

Configuration en élévation

La configuration en élévation des constructions doit être telle que chaque élément de contreventement soit continu de son sommet jusqu'à sa fondation. De plus, l'écart entre les surfaces des divers planchers du bâtiment ne doit pas excéder 20 %.

2. Matériaux, nuances d'acier

Cette partie décrit les exigences de base des matériaux des éléments de structure. Concernant les matériaux des éléments de fixation, les exigences communes sont décrites chapitre 6, § 3.1.

2.1 Acier

Acier de construction

Les propriétés pour l'acier de construction sont à considérer, d'une façon générale, par référence à la NF EN 1993-1-1 (eurocode 3, partie 1-1) et aux normes qui en découlent.

Les nuances d'acier couramment utilisées pour les éléments de structure sont définies dans le tableau 2 :

Tableau 2 : Normes applicables selon l'acier utilisé

	Nuance courante	Conditions techniques de livraison	Tolérances	Norme de calcul
Profils laminés à chaud	S235, S275 et S355 de qualité JR ou J0	EN 10025-1	EN 10034	EN 1993-1-1
Profils formés à froid	S350 GD + Z 275	EN 10346	EN 10143	EN 1993-1-3
Profils formés à froid en acier inoxydable	1.4003	EN 10088-2	EN 10029 EN 10048 EN 10051 EN ISO 9445 (parties 1 et 2)	EN 1993-1-4

Recommandation : Dans un projet de construction, il est préférable de ne pas panacher les matériaux ou les nuances d'acier des éléments de structure. Néanmoins, afin de satisfaire une traçabilité partielle au montage (voir chapitre 4, § 2.2), il est possible de définir un matériau ou une nuance d'acier par typologie d'éléments (poteaux, poutres, etc.).

Le choix des nuances d'acier peut être déterminé par les critères suivants :

- type de conception ou de montage ;
- stabilité de l'ouvrage (vent, séisme, etc.) ;
- résistance mécanique des sections ;
- résistance à la corrosion ;
- comptabilité avec :
  - les éléments de fixation,
  - les éléments de second œuvre,
  - la ou les protections prévues contre la corrosion ;
- économie (coût et poids des matériaux) ;
- facilité de fourniture ou de mise en œuvre.

OBSERVATION

Les nuances d'acier inférieures à S235 et supérieures à S460 (1993-1-12) sont exclues de l'application du NF DTU 32.3.

Aciers pour béton armé

Les aciers pour béton armé utilisés (notamment dans le cas des massifs d'ancrage de fondation ou des planchers mixtes acier-béton) doivent être conformes à la NF EN 1992-1-1, 3.2.

2.2 Béton

Les propriétés pour le béton sont à considérer par référence à la NF EN 1992-1-1 (Eurocode 2, partie 1-1), et de la NF EN 206+A1. Ces propriétés concernent notamment l'utilisation de planchers mixtes acier-béton, mais également des massifs d'ancrage en pieds de poteaux.

2.3 Bois

Les panneaux à base de bois, utilisés notamment pour les planchers secs *(voir paragraphe 5.1)*, sont définis dans les référentiels suivants :

Tableau 3 : Normes applicables selon le matériau bois utilisé

Matériau bois	Norme produit	Tolérances	Norme de calcul
Contreplaqué	EN 313-1 EN 313-2	EN 315	EN 1995
OSB	EN 300	EN 300	EN 1995
Panneaux de particules	EN 309	EN 312	EN 1995
Panneaux de particules liées au ciment	EN 633	EN 634	EN 1995

3. Techniques de construction

Plusieurs techniques de construction peuvent être envisagées en fonction de la conception technique de l'ouvrage, de l'expérience des entreprises chargées de son exécution et des contraintes naturelles du chantier.

3.1 Technique « plateforme »

La technique « plateforme » consiste à faire transiter les charges verticales d'un étage à un autre par le plancher intermédiaire. Elle se prête particulièrement aux systèmes de murs en éléments minces formés à froid et aux systèmes de planchers sur solives en éléments minces.

Avantage

Cette solution permet d'utiliser le plancher comme une plateforme de travail pour réaliser le montage de l'étage suivant. Elle est très courante en maison individuelle.

Inconvénient

La discontinuité de la façade rend plus difficile l'obtention de bonnes performances en termes d'étanchéité à l'air.

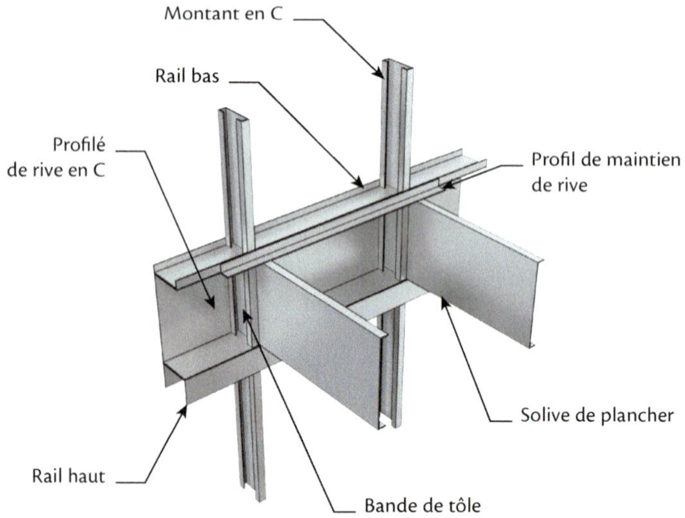

Figure 5 : Technique « plateforme » : schéma typique de liaison façade-plancher

3.2 Technique « rideau »

La technique « rideau » consiste à faire transiter les charges verticales directement d'un mur à un autre, sans transfert par le plancher. L'ossature du plancher est supportée par des ramasse-solives fixés aux montants de l'ossature.

Avantages

Cette solution permet de travailler sur des surfaces plus grandes, de minimiser l'utilisation de rails horizontaux et d'obtenir de meilleures performances en termes d'étanchéité à l'air.

Inconvénient

Le montage est plus difficile car il nécessite la mise en place des pièces dans un espace réduit.

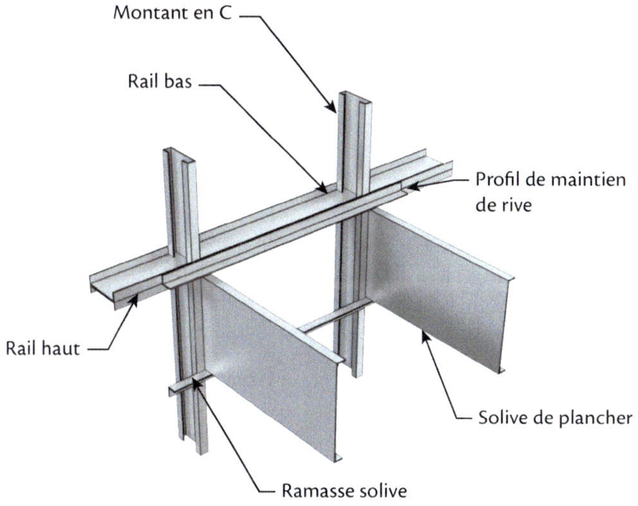

Figure 6 : Technique « rideau » : schéma de liaison façade-plancher

3.3 Technique « poteaux-poutres »

Des poteaux sont assemblés à des poutres et forment des portiques dont la stabilité horizontale est assurée par l'encastrement entre les poutres et les poteaux.

Avantages

Cette technique permet d'augmenter sensiblement les entraxes entre poteaux et d'obtenir des portées de poutre plus élevées. De plus, elle libère totalement les espaces entre les montants et rend l'exploitation plus flexible (changement de destination de locaux, par exemple).

Inconvénients

Cette solution implique généralement des poteaux à forte section et des assemblages robustes. Elle est moins courante en maison individuelle.

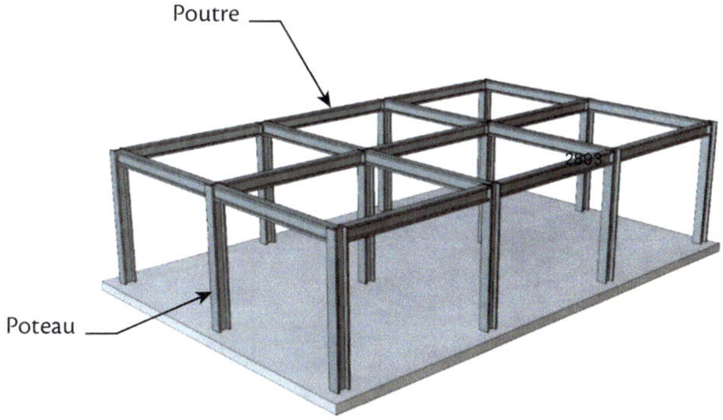

Figure 7 : Technique « poteau-poutre » : vue d'une ossature formée de portiques

4. Éléments de mur

Cette partie définit les solutions courantes et les principes de conception généraux pour les murs destinés à des bâtiments résidentiels métalliques.

Les murs peuvent être conçus à partir d'éléments minces formés à froid ou de produits longs laminés à chaud.

4.1 Murs constitués d'éléments minces formés à froid

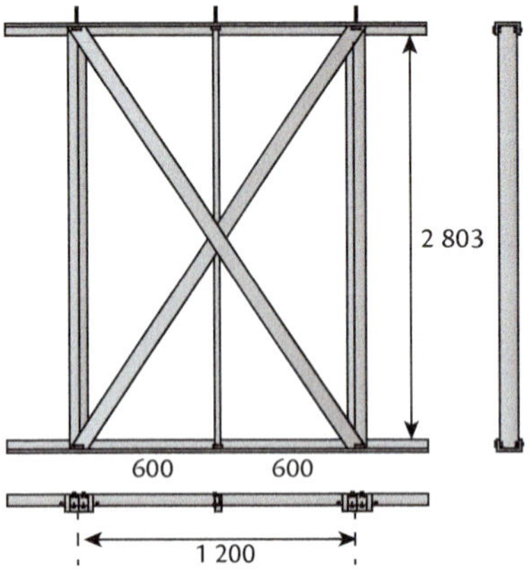

Constitution d'une palée de 1,20 m en profils minces :

- Montant dos à dos 2C 120-60 ép. 1,5 mm
- Montant intermédiaire C 120-60 ép. 1,5 mm
- Rails hauts et bas U 120 x 66 ép. 1,5 mm
- Diagonales plat 120 x 1,5 mm
- Fixations 2 boulons M12 x 25 cl 8-8

Figure 8 : Palée typique en éléments minces formés à froid

Description

Les murs porteurs à ossature en éléments minces en acier peuvent être constitués de :

- montant en profilés C de 70 à 150 mm de hauteur ;
- rails hauts et bas en profilés U ;
- diagonales de contreventements en profils plats.

Les montants des murs (profilés C verticaux) sont généralement espacés de 300, 400 ou 600 mm pour s'aligner avec les largeurs courantes des plaques de plâtre de 1,2 ou 2,4 m. Les murs porteurs peuvent être à simple ou double ossature, peuvent recevoir en parement une ou deux plaques de plâtre avec placement d'un isolant entre les montants.

Exigences

NF DTU 32.3

L'entraxe des montants principaux ne doit pas dépasser 1 200 mm.

L'épaisseur nominale d'acier doit être supérieure à 1,5 mm.

Les déplacements horizontaux sont limités aux valeurs suivantes, sous cas de charges E.L.S :

- Hi/300 pour les bâtiments à niveau unique et entre chaque étage pour les bâtiments à plusieurs niveaux ;
- pour H < 10 m : H/300 ;
- pour 10 m < H < 30 m : H/(200 + 10 H).

Avec :

- Hi : hauteur entre étages ;
- H : hauteur totale du bâtiment.

Conception

La conception doit être conforme aux règles de la NF EN 1993-1-1 et de la NF EN 1993-1-3. Pour la plupart des profilés C, le dimensionnement en compression est généralement piloté par le flambement selon l'axe de forte inertie (le flambement selon l'axe de faible inertie est empêché par une entretoise située à mi-hauteur ou par les fixations des plaques de parement). Lorsque les forces verticales sont appliquées sur le mur avec une excentricité (pour les planchers appuyés sur un profilé Z placé sur les panneaux muraux, par exemple), il faut tenir compte de l'interaction du moment de flexion et de l'effort normal.

Efforts verticaux

Les efforts résistants typiques dus à la compression dans les montants en C sont donnés dans le tableau 4.

Tableau 4 : Caractéristiques résistantes principales pour montants en C courants (nuance S320GD + Z)

Profilés C pour murs

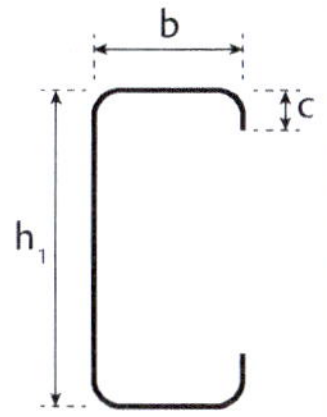

Dimensions de la section :
- hauteur tout h_1
- largeur hors tout de la semelle b
- hauteur de la retombée c
- épaisseur nominale t_n
- épaisseur de métal nu t

Profilés $h_1 \times b \times c \times t_n$	t (mm)	A^D_{eff} (mm²)	A^B_{eff} (mm²)	$W_{eff,y}$ (cm³)	e_{pz} (mm)	L (cm)	$N_{R,d}$ (kN) $e_z = 0$	$N_{R,d}$ (kN) $e_z = h/12$	$N_{R,d}$ (kN) $e_z = h/6$
C 100 x 50 x 10 x 1,0	0,92	106,7	163,1	4,75	7,28	260	27,2	21,9	19,9
						300	24,6	20,2	18,5
						350	21,5	17,8	16,5
C 100 x 50 x 10 x 1,5	1,42	217,4	287,4	8,74	2,71	260	54,4	43,8	39,6
						300	48,7	39,7	36,2
						350	41,8	34,5	31,9
C 100 x 50 x 10 x 2,0	1,96	338,7	397,0	12,13	2,18	260	76,4	61,5	55,6
						300	68,3	55,6	50,7
						350	58,4	48,2	44,5
C 150 x 50 x 10 x 1,0	0,92	106,7	163,4	7,35	14,67	260	31,0	24,1	21,2
						300	29,7	23,4	20,7
						350	27,9	22,3	20,0
C 150 x 50 x 10 x 1,5	1,42	220,2	338,0	14,36	5,43	260	64,1	56,2	48,8
						300	64,1	54,4	47,8
						350	64,1	51,7	46,3
C 150 x 50 x 10 x 2,0	1,96	350,0	493,2	20,80	2,96	260	101,8	86,0	74,4
						300	101,8	83,3	73,2
						350	99,1	78,6	70,2

A^D_{eff} : section efficace en compression (mm²)
A^B_{eff} : section efficace en flexion (mm²)
$W_{eff,y}$: module de flexion efficace (cm³)
e_{pz} : excentricité de la section brute par rapport au centre de gravité de la section efficace (mm)
L : longueur de flambement (cm)
e_z : excentricité de l'effort normal
$N_{R,d}$: résistance de calcul au flambement selon l'axe fort

Efforts horizontaux

Pour une palée typique constituée des éléments décrits plus haut, l'effort horizontal admissible en tête de palée est de l'ordre de :

- 10 kN à l'ELS (état limite de service) ;
- 15 kN à l'ELU (état limite ultime).

Fabrication

La fabrication doit être conforme aux tolérances essentielles du tableau D.1.2 de la NF EN 1090-2 et celles de l'annexe D de la norme EN 1090-4. Les exigences complémentaires sur les éléments formés à froid sont indiquées dans le chapitre 7 « Exigences supplémentaires sur les éléments formés à froid selon la NF EN 1090-4 ».

4.2 Murs formés d'éléments laminés à chaud

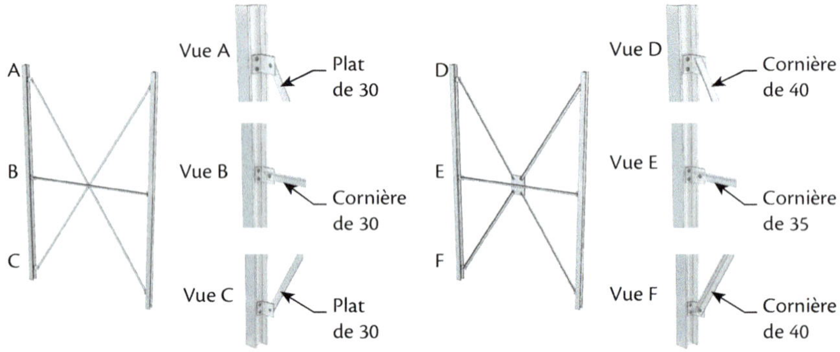

Exemple de constitution type :

- montants profilés IPE 80
- platine en pied épaisseur 10 mm
- traverse haute L 45 ou IPE 80
- diagonales en profil plat 30 x 4 ou L 40 x 40 x 4
- attaches pour boulons HM 8 classe 8-8
- pattes en cornière L 60 x 40 x 5
- 2 boulons HM 8 classe 8-8
- ancrages par 2 tiges préscellées M12 à chaque pied de montant

Figure 9 : Palée typique en profils laminés à chaud

Description

Les éléments de mur peuvent être constitués :

- de poteaux en profilés de type IPN ou IPE ;
- de traverses hautes en profilés de type cornière ou IPE ;
- de diagonales de contreventement en profilés de type cornières ou profil plat.

Les profils de l'ossature peuvent servir de supports aux éléments de bardage extérieurs et/ou de parois intérieures (plaques de plâtre).

Exigences

NF DTU 32.3

Les déplacements horizontaux sont limités aux valeurs suivantes, sous cas de charges E.L.S :

- **Hi/300** pour les bâtiments à niveau unique et entre chaque étage pour les bâtiments à plusieurs niveaux ;
- pour H < 10 m : **H/300** ;
- pour 10 m < H < 30 m : **H/(200 + 10 H)**.

Avec :

- Hi : hauteur entre étages ;
- H : hauteur totale du bâtiment.

Conception

La conception doit être conforme aux règles de la NF EN 1993-1-1. Le dimensionnement en compression est généralement piloté par le flambement selon l'axe de forte inertie (le flambement selon l'axe de faible inertie est empêché par une entretoise située à mi-hauteur ou par les fixations des plaques de parement).

Efforts verticaux

Les efforts résistants typiques dus à la compression dans les profilés de type IPE, pour les nuances d'acier S235 et S355, sont donnés dans le tableau ci-dessous.

Tableau 5 : Caractéristiques résistantes principales pour montants en IPE courants

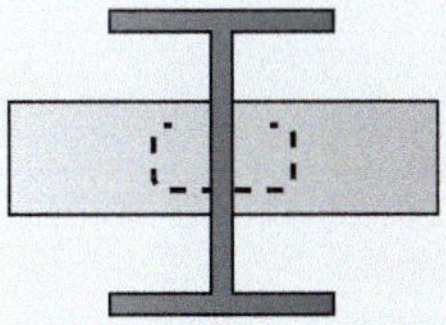		Traction (résistance caractéristique)	Compression (résistance caractéristique)		Résistance de calcul au flambement selon l'axe fort $N_{by,Rd}$ (kN)		
Profilé	Nuance	$N_{t,Rk}$	Classe de section	$N_{c,Rk}$	Longueur de flambement (m)		
		(kN)		(kN)	2,5	3	3,5
IPE 100	**S235**	243	1	243	211	195	176
IPE 120	**S235**	310	1	310	283	270	254
IPE 140	**S235**	386	1	386	361	350	336
IPE 160	**S235**	472	1	472	449	438	426
IPE 180	**S235**	563	1	563	542	532	520
IPE 100	**S355**	366	1	366	291	253	212
IPE 120	**S355**	469	1	469	405	373	334
IPE 140	**S355**	583	1	583	525	499	465
IPE 160	**S355**	713	1	713	660	636	606
IPE 180	**S355**	850	2	850	800	778	751

> **OBSERVATION**
>
> Les valeurs ci-dessous ont été déterminées avec un coefficient partiel $\gamma_{M1} = 1{,}0$ (voir NF EN 1993-1-1).

Efforts horizontaux

Pour une palée typique constituée des éléments décrits plus haut, l'effort horizontal admissible en tête de palée est de l'ordre de :

- 10 kN à l'ELS (état limite de service) ;
- 15 kN à l'ELU (état limite ultime).

4.3 Dimensionnement des palées sous l'action du vent

Les dispositions minimales proposées dans cette partie sont déterminées pour des bâtiments :

- R + 2 au maximum de hauteur maximale 3 m par étage ;
- une toiture à deux pentes avec faîtage situé à un niveau inférieur à 10 m ;
- et présentant une répartition symétrique et homogène des palées de stabilité (ou portiques) dans chaque direction.

Pour chaque direction de vent, les efforts de vent à prendre en compte sont donnés dans le tableau ci-dessous.

Tableau 6 : Effort horizontal de vent en fonction du nombre d'étages

Pour un bâtiment sans étage (R + 0)	F = 25,00 kN
Pour un bâtiment à 1 étage (R + 1)	F = 44,00 kN
Pour un bâtiment à 2 étages (R + 2)	F = 57,00 kN

Ces valeurs ont été déterminées sur la base des hypothèses suivantes :

- une pression dynamique de pointe à 10 m en zone 1 de catégorie de rugorisité II, $q_p(10) = 0{,}68$ kN/m^2.
- à la zone 1 de vent avec catégorie de rugosité de site II (rase campagne) et pour un site avec coefficient orographique $c_o = 1$ (non soumis à survitesse locale de vent) selon la NF EN 1991-1-4/NA ;
- pour une emprise au sol de largeur 9,60 m et de longueur 12,00 m avec une hauteur par niveau de 3,00 m ;
- et une toiture à deux pentes de 35° pour le R + 0 et le R + 1 et de 18° pour le R + 2.

Ces valeurs ont ensuite été ajustées (par excès) à un bloc de dimensions en plan de 10 m x 10 m.

Les efforts horizontaux (tableau 6) sont à majorer (ou à minorer) au prorata des vraies largeurs des façades frappées par le vent.

Coefficient de majoration = largeur réelle de la façade/10 m.

Ces efforts sont également à multiplier par un coefficient selon la région de vent et la rugosité du site comme indiqué dans le tableau 7.

Ils sont calculés pour un coefficient d'orographie $c_o = 1$ (majorité des sites). Une étude particulière doit être réalisée pour les sites susceptibles de survitesse de vent, par exemple les vallées étroites ou les sites à proximité d'un bord de falaise. Dans ces cas, les efforts sont à multiplier par le coefficient d'orographie attaché au relief du lieu de construction (voir NF EN 1991-1-4 et NF EN 1991-1-4/NA).

Tableau 7 : Coefficient multiplicateur de l'effort horizontal de vent selon les zones

Zones (selon NF EN 1991-1-4/NA)			**0**	**1**	**2**	**3**	**4**	**6**	**7**	**8**
			Guyane	**France métropolitaine**			**Corse**	**Martinique**	**Réunion Mayotte**	**Guadeloupe**
Classe de rugosité du site	**Description (exemples)**									
0	**Bord de mer**	1,22	0,73	1,22	1,45	1,71	1,98	2,57	2,92	3,27
II	**Rase campagne**	1,00	0,60	1,00	1,19	1,40	1,62	2,11	2,39	2,68
IIIa [1]	**Bocage**	0,78	0,47	0,78	0,93	1,09	1,26	1,65	1,86	2,09
IIIb	**Bocage dense et ZI**	0,61	0,37	0,61	0,73	0,85	0,99	1,29	1,46	1,63
IV	**Ville**	0,54	0,32	0,54	0,64	0,76	0,87	1,14	1,29	1,45

1. Les valeurs des lignes en couleur ne peuvent être utilisées que si une classe de rugosité supérieure à la classe de rugosité II est justifiable durablement.

À titre d'exemple, prenons un bâtiment à R + 1, d'emprise au sol 8,40 m x 11,00 m et situé en zone 2 en rase campagne (catégorie de rugosité II) :

- vent direction X (vent perpendiculaire à la largeur de 8,40 m) :

F_X = 44,00 x (8,40 / 10,00) x 1,19 = 44,00 kN,
soit 3 x 2 palées types (reprenant chacune 7,30 kN) ;

- vent direction Y (vent perpendiculaire à la longueur de 11,00 m) :

F_Y = 44,00 x (11,00 / 10,00) x 1,19 = 57,60 kN,
soit 2 x 3 palées types (reprenant chacune 9,60 kN).

La disposition à retenir à chaque étage pour les palées types de stabilité sera donc la suivante :

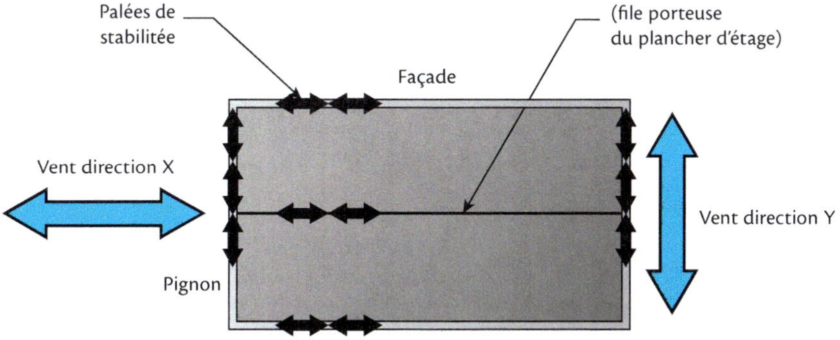

Figure 10 : Disposition en plan de palées

5. Éléments de plancher

Cette partie définit les solutions courantes ainsi que les principes généraux de conception pour les planchers destinés à des bâtiments résidentiels métalliques.

Les planchers peuvent être constitués de :

- planchers secs fixés directement sur solives en éléments minces ;
- planchers en béton coulé sur bac acier, collaborants ou non ;
- bacs métalliques supports de planchers secs.

5.1 Planchers secs fixés directement sur solives en éléments minces

Description

Solivage

Solives en C

Les profilés des solives en éléments minces sont usuellement en forme de C. Ces éléments peuvent être livrés individuellement ou préassemblés.

Les solives en profilés C ont habituellement une hauteur de 150 à 300 mm dans des épaisseurs allant jusqu'à 2,4 mm.

Solives en treillis

Les solives en forme de treillis ont généralement une hauteur de 300 à 500 mm et permettent de passer des équipements techniques d'un diamètre maximal de 100 mm entre les éléments d'entretoisement. Les solives sont habituellement espacées de 400 mm à 600 mm afin de s'aligner sur les portées et les dimensions des panneaux de plafond et de plancher.

Éléments de plancher reposant sur les solives

Les éléments de plancher peuvent être des panneaux à base de bois de plusieurs types :

- contreplaqué ;
- OSB ;
- panneau de particules.

Les matériaux constitutifs de ces planchers sont décrits au paragraphe 2.3 de ce chapitre.

Conception

Le dimensionnement des solives est généralement piloté par la limitation des déformations verticales. Afin que les déformations ne soient pas visibles et pour réduire les vibrations perceptibles du plancher, les portées doivent normalement être limitées aux valeurs maximales indiquées dans le tableau 8.

Tableau 8 : Caractéristiques résistantes principales pour solives (nuance S320 GD + Z)

Profils en C, en Σ, et supports de plafonds

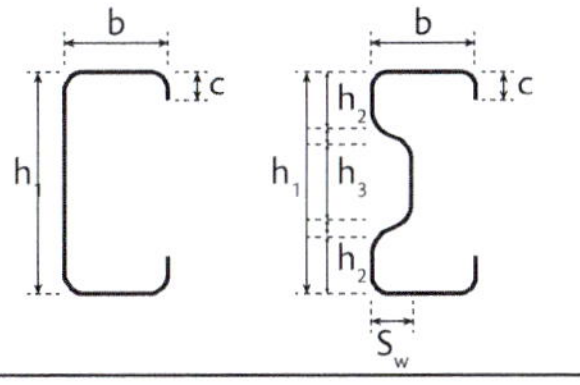

Dimensions de la section :

- hauteur tout h_1
- largeur hors tout de la semelle b
- hauteur de retombée c
- épaisseur nominale t_n
- épaisseur de métal nu t

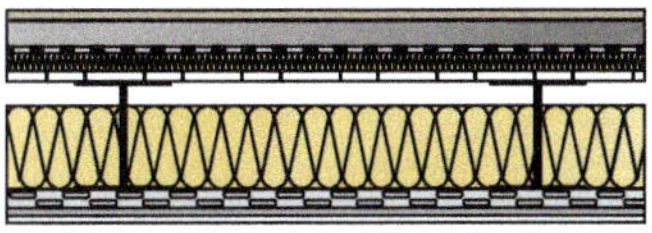

Profilé h_1 x b x c x t_n h_2 x h_3	W_{eff} (cm³)	I_{eff} (cm4)	$M_{y,Rd}$ (kN/m)	$R_{u1,Rd}$ (kN)	$R_{u1,Rd}$ (kN)	p = 2,00 b = 40 cm	p = 2,00 b = 60 cm	p = 3,50 b = 40 cm	p = 3,50 b = 60 cm
						L_{gr} (cm)	L_{gr} (cm)	L_{gr} (cm)	L_{gr} (cm)
C 150 x 50 x 10 x 1,5	14,36	120	4,18	3,50	20,5	364	318	302	264
C 150 x 50 x 10 x 2,0	20,80	165	6,05	6,06	40,1	405	354	336	293
C 200 x 50 x 10 x 1,5	19,41	228	5,65	3,50	15,4	451	381	374	3181
C 200 x 50 x 10 x 2,0	30,37	326	8,84	6,06	40,1	508	444	422	369
C 250 x 50 x 10 x 1,5	24,95	378	7,26	3,50	12,3	526	432	440	361
C 250 x 50 x 10 x 2,0	37,96	549	11,04	6,06	32,4	605	529	502	439
S 200 x 65 x 10 x 1,5 36 x 100	29,03	314	8,45	2,17	23,3	502	439	416	364
S 200 x 65 x 10 x 2,0 36 x 100	42,08	434	12,24	5,33	48,3	560	488	464	405
S 250 x 70 x 10 x 1,5 50 x 120	39,75	541	11,56	2,17	19,0	602	526	499	436
S 250 x 70 x 10 x 2,0 50 x 120	58,44	757	17,00	5,33	47,1	673	588	559	488
I 150 x 50 x 10 x 1,5	28,72	240	8,36	7,00	41,0	459 (1)	400 (1)	380 (1)	332 (1)
I 200 x 50 x 10 x 1,5	38,82	456	11,30	7,00	30,8	568 (1)	497 (1)	472 (1)	412 (1)
I 250 x 50 x 10 x 1,5	49,90	756	14,52	7,00	24,6	673 (1)	588 (1)	588 (1)	488 (1)

W_{eff} : module d'inertie efficace (cm³)
I_{eff} : moment d'inertie efficace (cm⁴)
$M_{y,Rd}$: moment résistant de calcul
$R_{u1,Rd}$: réaction d'appui
$V_{z,Rd}$: résistance au cisaillement

p : charge exploitation (kN/m²)
b : entraxe des solives (cm)
L_{gr} : portée limite (cm)
e_z : excentricité de l'effort normal
$N_{R,d}$: résistance de calcul au flambement selon l'axe fort.

OBSERVATION

La souplesse naturelle d'un plancher reposant sur solives implique une certaine sensibilité aux vibrations ; le dimensionnement doit s'assurer de ne pas produire d'effets de résonance causés par la marche ou toute autre activité normale. Il est ainsi recommandé d'adopter une fréquence propre minimale de 5 Hz pour les planchers en éléments minces afin de réduire les risques de mise en vibration.

Fabrication

La fabrication doit respecter les tolérances définies au paragraphe 4.1 de ce chapitre.

5.2 Planchers en béton sur bacs métalliques, collaborants ou non

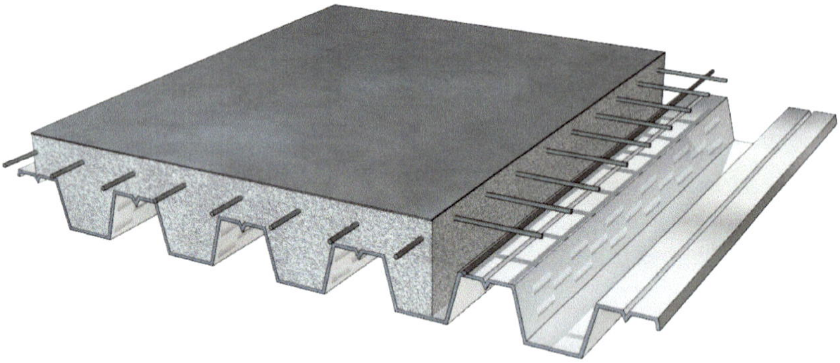

Figure 11 : Vue générale d'un plancher sur bacs acier

Description

Planchers collaborants et non collaborants

Les planchers sur bacs acier, collaborants ou non, permettent notamment :

- d'assurer un coffrage étanche en supprimant les opérations de décoffrage ;
- de constituer une plateforme de travail avant la mise en œuvre du béton ;
- d'éviter parfois la mise en place d'étais et ainsi de gagner du temps car, en reprenant la charge de béton coulé en place, ils acquièrent une fonction structurelle.

Le positionnement du bac par rapport à la poutre de support peut se faire de deux manières :

- le bac peut être fixé sur la poutre en partie supérieure ;
- le bac peut être incorporé dans la hauteur de la poutre, posé sur des cornières ou posé sur l'aile inférieure. Pour poser le bac sur des cornières, il convient qu'elles débordent de la largeur de la semelle supérieure.

PRÉVENTION SÉCURITÉ/SANTÉ

IRIS ST

La mise en œuvre de béton sur bacs métalliques présente des risques d'effondrement si les conditions d'exécution ne sont pas conformes aux prescriptions. Veillez à respecter les consignes d'étaiement et à répartir uniformément le béton lors du coulage afin de ne pas créer de surcharge et déstabiliser la structure

Planchers collaborants

Pour éviter le glissement entre les nervures du profil en acier et le béton, les parois latérales des bacs sont embouties ou crantées. Si elles sont en acier, les solives peuvent être rendues solidaires de la dalle en béton par l'intermédiaire de connecteurs soudés ou cloués pour constituer une poutre mixte. Une dalle collaborante peut aussi être posée sur des poutres simples (sans connecteurs).

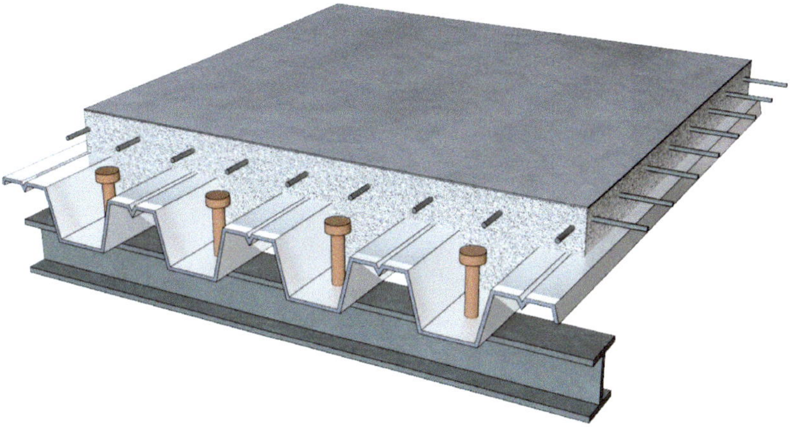

Figure 12 : Vue générale d'un plancher sur bacs acier avec poutre mixte connectée à la dalle

Les planchers collaborants sont généralement utilisés pour des portées entre solives variant de 2 m à 7 m avec une largeur maximale des bacs de 1 m. Les épaisseurs de tôle varient de 0,75 mm à 1 mm.

Exigences

L'épaisseur de la dalle en béton au-dessus des nervures est au minimum de 45 mm.

Une armature transversale et longitudinale doit être mise en place dans l'épaisseur de béton au-dessus des nervures.

Conception

La conception doit être conforme aux prescriptions des Règles Professionnelles relatives aux procédés utilisés et au chapitre « Exigences supplémentaires pour les éléments formés à froid » de ce guide.

Certification

La certification QB03 appliquée aux plaques profilées pour planchers collaborants va s'étendre aux procédés de planchers collaborants.

OBSERVATION

Dans le cas où la dalle en béton est prévue pour jouer le rôle de diaphragme, il convient de se reporter aux exigences spécifiques des recommandations professionnelles, en particulier sur les hauteurs de béton minimales, et aux conditions de liaison de la dalle en béton aux appuis.

5.3 Bacs métalliques supports de planchers secs

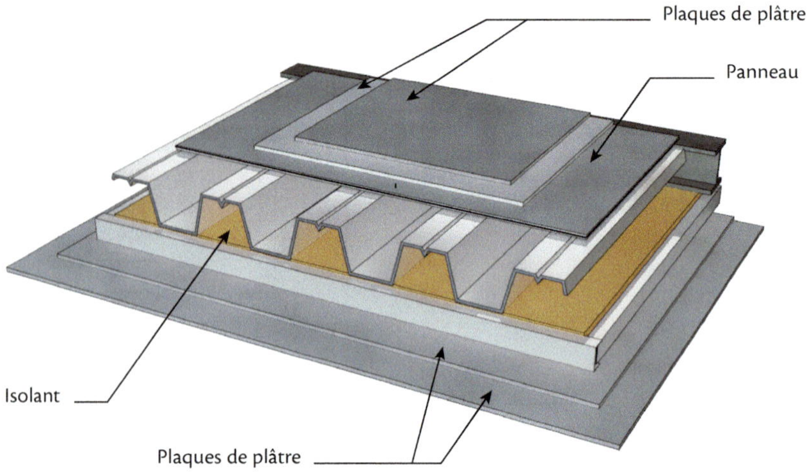

Figure 13 : Vue générale d'un plancher sec sur bacs métalliques

Description

Par opposition aux systèmes de planchers sur bacs comportant une phase humide due à la mise en œuvre d'un béton, le plancher sec est constitué d'éléments préfabriqués et montés à sec sur site.

Il est constitué d'un bac métallique qui repose sur les poutres et qui assure seul la fonction portante.

Conception

La conception doit être conforme aux prescriptions contenues dans les recommandations professionnelles.

6. Systèmes de toiture

La participation des systèmes de couverture (bacs, panneaux, etc.) à la stabilité d'ensemble de l'ossature n'est pas traitée dans cette partie. Dans le cadre de ce guide, seuls les éléments d'empannage (pannes, lisses, poutres au vent, etc.) doivent être pris en compte pour la stabilité de la structure.

Les fonctions des toitures sont les suivantes :

- diffusion des efforts dus au vent et au séisme (voir paragraphe 6.1) ;
- résistance mécanique de l'empannage (voir paragraphe 6.2) ;
- étanchéité à l'eau et à l'air ;
- isolation thermique et acoustique.

Diverses options peuvent être envisagées pour les ossatures métalliques des toitures (voir paragraphe 6.3) :

- bacs métalliques ;
- panneaux composites ;
- système de combles aménageables conçus pour créer un espace habitable ;
- feuilles et bandes métalliques.

La portée d'une toiture peut être disposée :

- d'une façade à l'autre, avec des portées de 8 à 12 m ;
- ou entre des appuis porteurs avec des portées de 5 à 8 m.

6.1 Conception des diaphragmes de toiture

Qu'elles soient à pentes nulles, faibles ou fortes, les toitures doivent être rigidifiées dans leurs plans afin de transmettre de façon satisfaisante les efforts horizontaux :

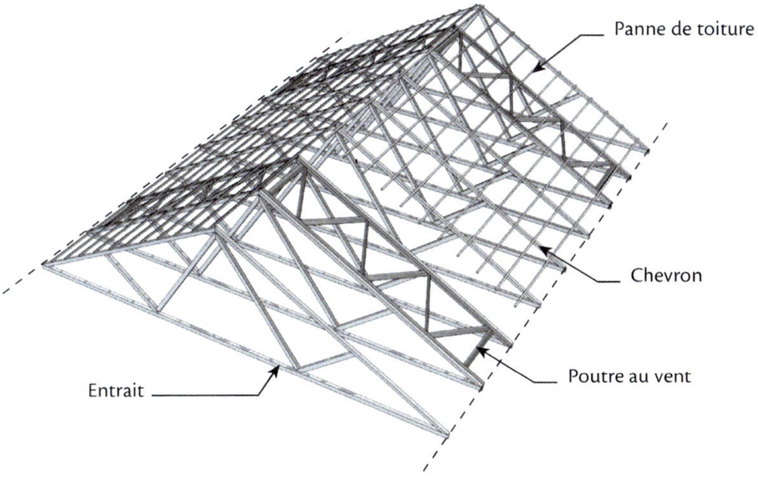

Figure 14 : Vue générale d'une ossature de toiture

6.2 Empannage

L'empannage constitue le support principal des éléments de toiture et doit résister aux actions du vent, de la neige, et celles dues à l'entretien, etc.

Un des éléments de conception de la toiture est le choix du type de pannes qui peuvent être :

- des pannes en profilés minces formés à froid ;
- des poutrelles laminées à chaud (de type IPE).

> **OBSERVATION**
>
> Le choix des pannes peut se faire en fonction de l'ossature des éléments de mur, pour des raisons de facilité d'assemblage, mais aussi en fonction de l'inclinaison de la pente.

Selon sa position dans la charpente, la panne prend un nom particulier :

- « panne faîtière » : elle est située au sommet de la charpente d'un toit à pans ;
- « panne sablière » : elle est située en bas de pente ;
- « panne intermédiaire » : elle est située entre la panne sablière et la panne faîtière (un versant de toiture peut comporter plusieurs pannes intermédiaires).

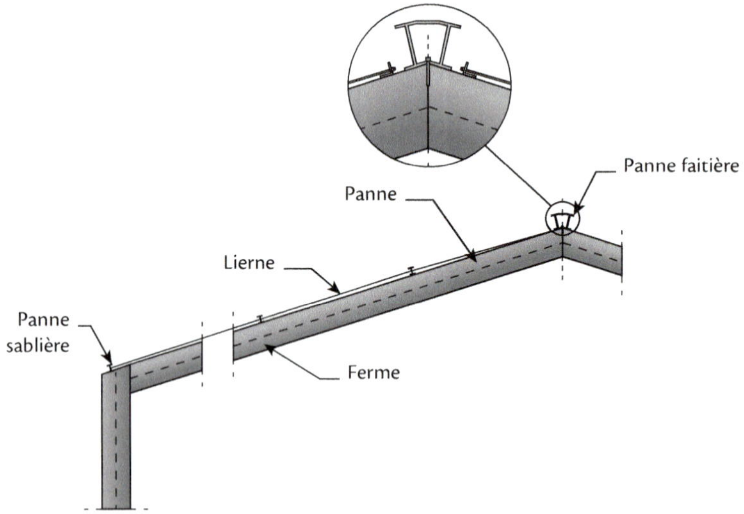

Figure 15 : Coupe type sur toiture inclinée

Un empannage peut aussi comprendre :

- les éclisses, qui réalisent la continuité des pannes ;
- les échantignoles, qui assurent la liaison entre pannes et structure principale ;
- les liernes et bretelles éventuelles, qui sont chargées du maintien latéral des pannes.

Lorsque la toiture est plate, les pannes, dont l'âme est dans ce cas verticale, sont fléchies essentiellement selon leur axe fort. On utilise alors en général des profilés laminés à chaud du type IPE qui conviennent bien à ce type de sollicitations. Lorsque la toiture est inclinée, on peut disposer les pannes soit verticalement soit perpendiculairement à la toiture. Pour des questions d'équilibre, la première solution est la meilleure car les charges importantes (poids propre, neige, etc.) agissent verticalement dans le plan de l'âme des pannes. En revanche, pour des raisons de construction, on préfère le plus souvent incliner les pannes, ce qui crée alors une sollicitation hors du plan de l'âme plus importante que dans le cas précédent et ce qui nécessite la mise en place d'échantignoles. Dans ce dernier cas, le choix de pannes en éléments minces formés à froid peut être préféré au regard de leur facilité d'assemblage par échantignoles, éclisses ou liernes.

« Pannes-butons »

On peut attribuer aux pannes la fonction de transmission des actions du vent depuis la tête des potelets de pignon jusqu'à la poutre au vent de toiture (si cette poutre au vent n'est pas située dans la travée adjacente au pignon), voir figure 16.

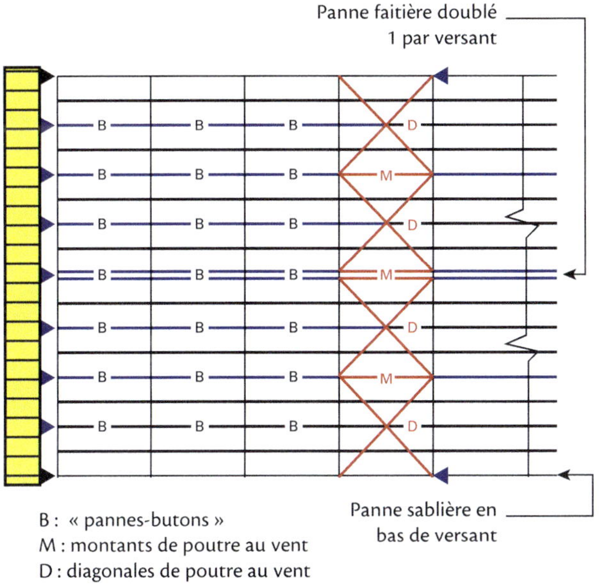

Figure 16 : Toiture d'un bâtiment. Vue en plan

Barres constituant les poutres au vent

- Montants (M) : les pannes travaillent en compression.
- Diagonales (D) : les diagonales ne travaillent qu'en traction.

Si on veut éviter d'ajouter aux pannes la fonction de « buton », ou la fonction montant de poutre au vent à la fonction principale des pannes, il est possible de disposer des butons indépendants entre les têtes de potelet de pignon et la poutre au vent :

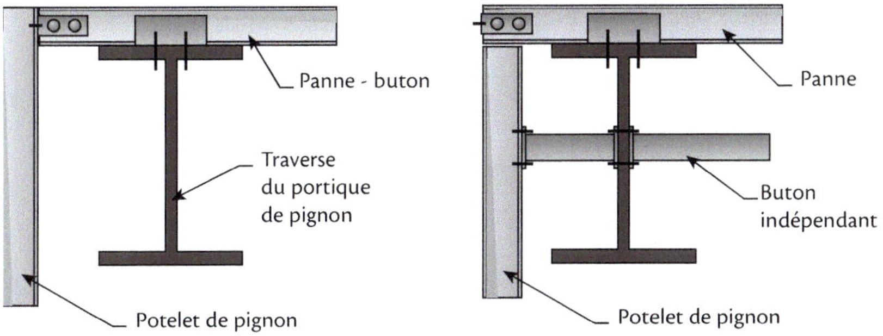

Figure 17 : Transmission avec ou sans « panne-buton »

Conception

Le dimensionnement des pannes est à réaliser selon la NF EN 1993-1-1 pour les pannes laminées et la NF EN 1993-1-3 pour les pannes en éléments minces, suivant leur fonction :

- fonction principale, la flexion est due aux actions suivantes :
  - charges verticales descendantes (poids propre, neige, vent, entretien) ;
  - charges verticales ascendantes (vent) ;
- fonction « pannes-butons » :
  - effort normal ;
  - effort de compression ou traction.

> **ATTENTION**
>
> Le maintien, ou non, des éléments de couverture (bacs, panneaux, etc.) doit être pris en compte dans la justification de la résistance des pannes.

6.3 Typologies de toiture

Bacs métalliques

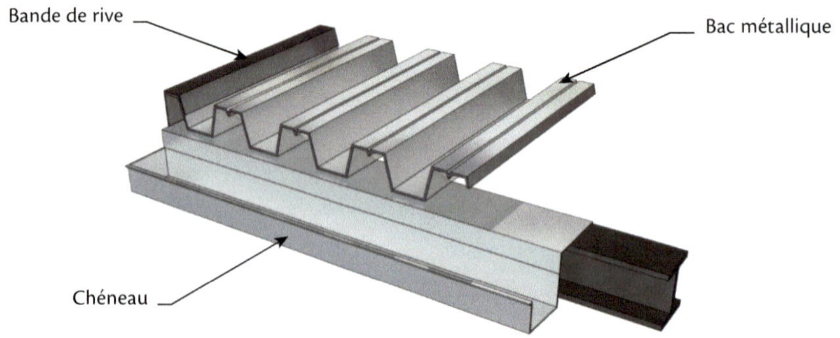

Figure 18 : Vue générale de bacs métalliques de toiture

Les bacs métalliques peuvent être nervurés ou à ondes. Ils se recouvrent au droit des appuis qui sont constitués par des pannes dont l'entraxe est donné par le dimensionnement (voir paragraphe 6.2).

> **OBSERVATION**
>
> La portée des bacs métalliques peut être déterminée selon l'annexe A du NF DTU 43.3, partie 1-2 « Détermination des portées utiles des tôles d'acier nervurées ».

Exigences : la fabrication des bacs métalliques doit être conforme, selon leur fonction revendiquée, aux référentiels du tableau 9 et au chapitre « Exigences supplémentaires pour les éléments formés à froid » de ce guide.

Tableau 9 : Référentiels applicables pour des bacs métalliques

Fonction revendiquée des bacs métalliques	Référentiel applicable	Commentaire
Diaphragme	NF EN 1090-1 et NF EN 1090-4	Non visé par le NF DTU 32.3 Classe de construction I
Maintien local des pannes	NF EN 1090-1 et NF EN 1090-4	Classe d'exécution EXC2 Classe de construction II
Aucun maintien	NF EN 14782 et NF EN 1090-4	Classe de construction III

Panneaux composites

Les panneaux composites peuvent être utilisés pour réaliser des couvertures sèches. Ils intègrent l'isolant thermique et peuvent offrir une sous-face finie. L'épaisseur des panneaux varie de 30 à 100 mm. Leur longueur maximale est de 15 m environ suivant les contraintes de transport et de pose. L'étanchéité est assurée par recouvrement du panneau inférieur par le débord du parement du panneau supérieur. La fixation s'effectue en haut de nervure.

6.4 Toitures à pentes faibles

En ce qui concerne la mise en œuvre de toitures à pentes faibles, il convient d'appliquer les exigences générales contenues dans le tableau 10.

Tableau 10 : Exigences pour les toitures à pentes faibles

<table>
<tr><th>Type de couverture</th><th>Exigences (DTU 32.3)</th><th colspan="2">Référentiels applicables</th></tr>
<tr><td>Général</td><td>Pentes de toiture 3 % minimum</td><td rowspan="4">NF DTU 43.3
NF DTU 43.4</td><td></td></tr>
<tr><td>Bacs métalliques</td><td>Conformes au référentiel du produit choisi
Les bacs supports d'étanchéité ne doivent pas participer au contreventement de la toiture</td><td>NF EN 14782
NF EN 1090+1</td></tr>
<tr><td>Panneaux bois</td><td rowspan="2">Pose par entreprise de charpente métallique si panneaux fixés directement sur la structure
Les panneaux supports d'étanchéité ne doivent pas participer au contreventement de la toiture</td><td>NF DTU 31.1</td></tr>
<tr><td>Autres parements</td><td></td></tr>
</table>

6.5 Toitures à pentes

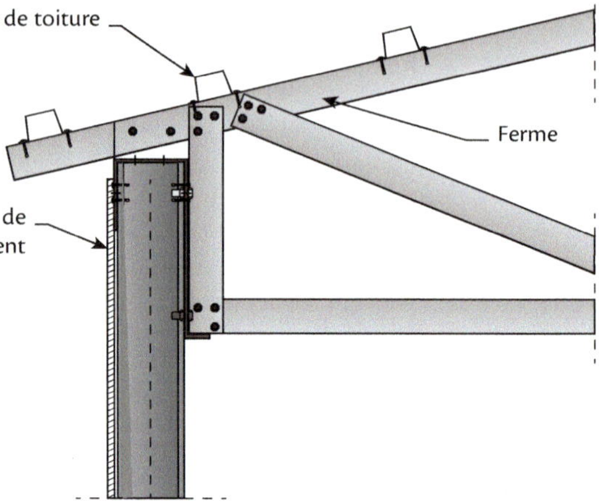

Figure 19 : Schéma d'une toiture à pentes

En ce qui concerne la mise en œuvre de toitures à pentes, il convient d'appliquer les exigences générales contenues dans le tableau ci-dessous.

Tableau 11 : Exigences générales pour les toitures à pentes

Type de supports	Exigences (NF DTU 32.3)	Référentiels applicables
Panneaux bois	Pose par entreprise de charpente métallique si les éléments sont fixés directement sur la structure. Les éléments supports d'étanchéité ne doivent pas participer au contreventement de la toiture	NF DTU 31.1
Bardeaux bitumés		DTU 40.14
Écrans rigides de sous-toiture		DTU 40 correspondant

7. Ancrage aux fondations

Le rail bas, ou la traverse basse, transmet aux fondations les efforts verticaux (ascendants et descendants) et les efforts horizontaux.

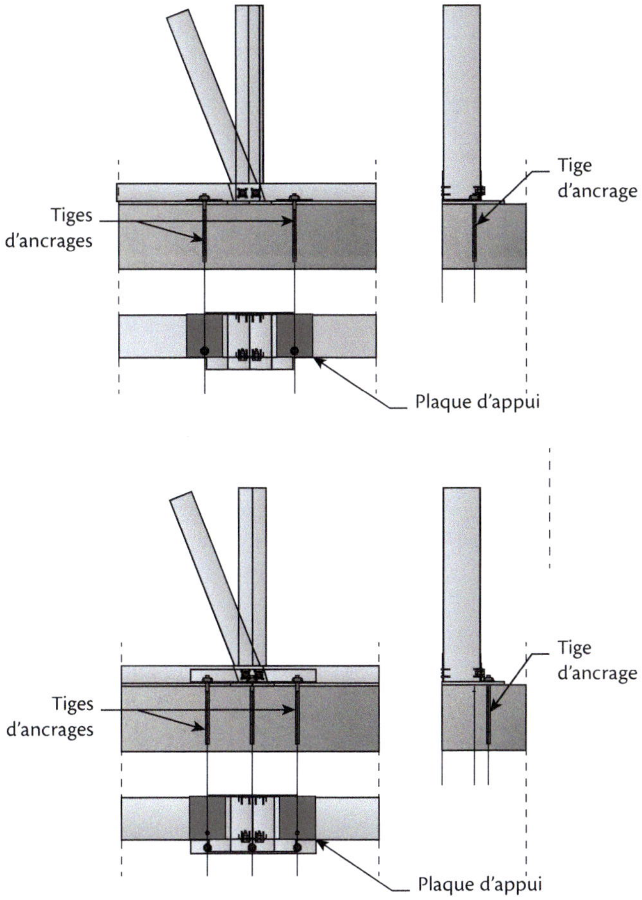

Figure 20 : Ancrage du rail bas au soubassement

Les modes d'ancrage peuvent être :

- des tiges filetées pré ou postscellées d'un diamètre d'au moins 8 mm, sur une profondeur adaptée aux efforts d'ancrage ;
- des chevilles métalliques bénéficiant d'un agrément technique européen selon l'ETAG 001 ;
- des préscellements par ferrures métalliques adaptées.

Les ancrages par pistoscellement ne sont pas visés par le NF DTU 32.3.

Les matériaux des éléments de fixation sont décrits chapitre 6, § 3.1.

7.1 Exigences

NF EN 1090-2, NF DTU 32.3

L'espacement des fixations ne doit pas excéder :

- 1,20 m, s'il s'agit de boulons, ou de goujons métalliques (à scellements chimiques ou à expansion) ;
- 0,30 m, s'il s'agit de vis auto-perceuses.

Chaque élément de rail bas doit comporter une fixation à chaque extrémité.

Les coulis à base de ciment utilisés entre les platines métalliques ou plaques d'appui et les fondations en béton doivent être comme indiqué dans le tableau ci-dessous :

Tableau 12 : Exigences sur le ciment entre la structure métallique et les fondations

Épaisseur nominale	Ciment utilisé
Inférieure à 25 mm	Ciment Portland pur
De 25 à 50 mm	Mortier de ciment Portland fluide dont la teneur en ciment mélangé avec un granulat fin ne doit pas être inférieure à 1:1
Supérieure à 50 mm	Mortier de ciment Portland aussi sec que possible dont la teneur en ciment mélangé avec un granulat fin ne doit pas être inférieure à 1:2

Les dispositifs d'ancrage dans les parties en béton de la structure ou dans des structures adjacentes doivent être mis en place conformément à leur spécification (voir agréments techniques européens). Des mesures appropriées doivent être prises pour éviter toute dégradation du béton afin d'obtenir la force d'ancrage nécessaire.

OBSERVATION

Ces exigences s'appliquent notamment aux chevilles à expansion pour lesquelles une distance minimale par rapport au parement est nécessaire pour éviter un éclatement du béton.

7.2 Conception

La conception doit être conforme aux règles de la NF EN 1993-1-8 et de la NF EN 1992-1-1.

Compression

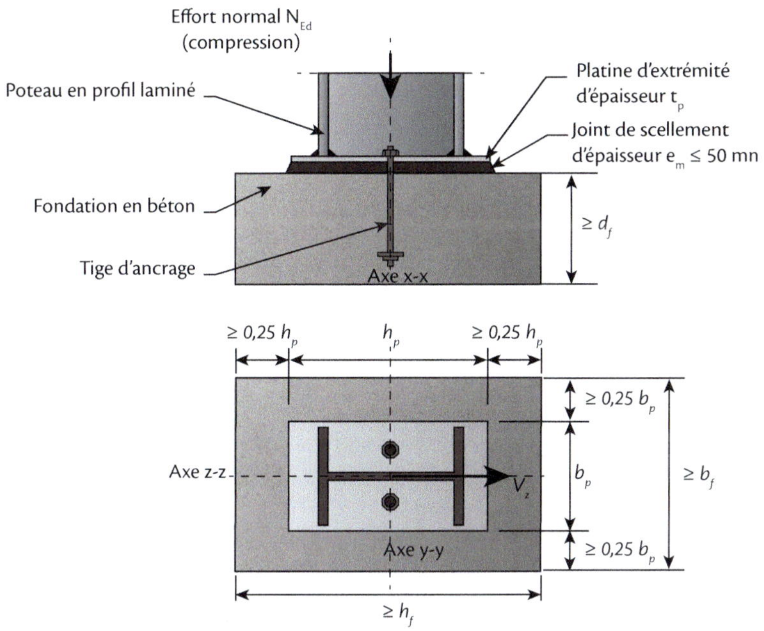

Figure 21 : Distances à respecter pour le placement du profil sur la fondation

Le tableau ci-après donne les dimensions minimales de platines et de fondations pour :

- un taux de travail en compression du poteau de $N_{Ed}/N_{pl,Rd} = 0,75$;
- un béton de classe C25/30 ;
- une nuance d'acier S235.

Tableau 13 : Dimensions minimales de platines et de fondations

Compression		$N_{Ed}/N_{pl,Rd} = 0,75$						
Profil	Résistance	Eff.	Platine (mm)			Fondation (mm)		
Poteau	$N_{pl,Rd}$ (kN)	N_{Ed} (kN)	h_p	b_p	t_p	h_f	b_f	d_f
IPE 80	180	135	120	85	10	180	130	100
IPE 100	243	182	145	100	10	220	150	100
IPE 120	310	233	165	110	12	250	165	100
IPE 140	386	290	190	125	12	285	190	100
IPE 160	472	354	215	135	12	325	205	110
IPE 180	563	422	240	150	14	360	225	120
IPE 200	669	502	260	160	14	390	240	130

Traction, cisaillement

Les tiges d'ancrage doivent être dimensionnées, le cas échéant, en traction et/ou en cisaillement selon les règles de la NF EN 1993-1-8 et NF EN 1992-1-1.

Tableau 14 : Caractéristiques de résistance des différentes classes de boulonnerie utilisables comme tiges d'ancrage

Classe de boulon-tige d'ancrage	4.6	4.8	5.6	5.8	6.8	8.8	10.9
Limite d'élasticité f_{yb} (N/mm²)	240	320	300	400	480	640	900
Résistance à la traction f_{ub} (N/mm²)	400	400	500	500	600	800	1 000

Tableau 15 : Résistance de calcul en traction $F_{t,Rd}$ des sections filetées (filetages type ISO à pas gros) des tiges d'ancrage de classes 4.6 et 5.6 et en acier S355

Diamètre (mm)	Aire section filetée As (mm²)	Résistance de calcul en traction $F_{t,Rd}$ en kN (1)			
		Classe 4.6	Classe 5.6	Acier S355	Acier S355 Résistance réduite (2)
16	157	45,2	56,5	55,4	47,1
18	192	55,3	69,1	67,7	57,6
20	245	70,6	88,2	86,4	73,5
22	303	87,3	109,1	106,9	90,9
24	353	101,7	127,1	124,5	105,9

1. Valeurs valables pour la traction seule.
2. Résistance pour la nuance S355 multipliée par 0,85 selon la NF EN 1993-1-8, § 3.6.1 (3).

Tableau 16 : Résistance de calcul au cisaillement de la section filetée des tiges d'ancrage placées dans le béton (1)

Diamètre (mm)	Résistance de calcul des tiges d'ancrage au cisaillement en kN (1)						
	Classe de boulon ou nuance d'acier						
	4.6	4.8	5.6	S355	5.8	6.8	8.8
16	18,5	17,3	22,0	20,5	20,1	22,3	24,9
18	22,6	21,1	26,9	25,1	24,6	27,3	30,5
20	28,9	27,0	34,3	32,0	31,4	34,8	38,9
22	35,7	33,4	42,4	39,6	38,8	43,1	48,1
24	41,6	38,9	49,4	46,1	45,2	50,2	56,0

1. Valeurs valables pour le cisaillement seul.

ATTENTION

Les longueurs d'ancrage, conformément à la NF EN 1992-1-1, doivent être respectées. Il convient également de s'assurer que la contrainte maximale de pression sur la surface en béton n'excède pas la résistance de calcul en compression du béton.

8. Conception en zone sismique

Selon l'arrêté du 22 octobre 2010 concernant les bâtiments de catégorie II, les exigences conduisant à des dispositions parasismiques ne sont applicables que pour les zones de sismicité 3, 4 et 5.

Dans ce cadre, les règles de la NF P06-014 (règles PS-MI 89, révisées 92) sont applicables. Il est notamment possible, en ayant respecté les conditions du paragraphe 3.6 des règles PS-MI, de s'abstenir des justifications de calculs au séisme.

OBSERVATION

Cette possibilité est atteinte en particulier en évaluant le comportement de la structure par rapport à l'action du vent seul (voir règles PS-MI, § 3.6.2.2).

Les règles et dispositions définies ci-après viennent en complément des règles PS-MI, surtout si les conditions du paragraphe 3.6.2.2 ne sont pas atteintes.

8.1 Dimensionnement minimal des palées sous l'action sismique

Cette partie basée sur l'application de la NF EN 1998-1, concerne les bâtiments :

- rectangulaires réguliers ayant une distribution symétrique des palées de stabilité ;
- de hauteur totale inférieure à 10 m.

OBSERVATION

Le terme « régulier » signifie ici régulier en plan et en élévation au sens de la NF EN 1998-1.

Les hypothèses de calcul sont basées sur :

- un coefficient de comportement de l'ossature métallique q = 1,5 ;
- des planchers considérés comme des diaphragmes rigides ;
- un unique système de contreventement dans chaque direction (croix de Saint-André ou portiques encastrés).

Pour les bâtiments de 100 m^2 au sol, de catégorie d'importance II avec « planchers légers » en zone 2 sur sol de classe A, l'effort global horizontal équivalent F_{he} vaut :

Tableau 17 : Valeur de l'effort horizontal équivalent en fonction du nombre d'étages (voir figure 22)

Bâtiment de 100 m^2 au sol	R + 0	R + 1	R + 2
F_{he} en kN	32,00	64,00	96,00
Position h_r de la force résultante (voir figure A.4)	1.h	1,67.h	2,33.h

Ces valeurs sont basées sur les hypothèses suivantes :

- une masse activée de (G_p + Ψ_{Ep} Q_p) = 2,30 kN/m²/niveau ;
- G_p : charge permanente au niveau de chaque plancher, comprenant le poids du plancher, des revêtements, des cloisons et des murs extérieurs, par unité de surface de plancher ; G_p = 1,60 kN/m² ;
- Q_p : charge d'exploitation par unité de surface de plancher ; Q_p = 1,5 kN/m² ;
- Ψ_{Ep} : proportion des charges d'exploitation de plancher à prendre en compte ; Ψ_{Ep} = 0,24.

OBSERVATION

Pour des bâtiments comportant des éléments de classe 4 (au sens du tableau 5.2 de la NF EN 1993-1-1), dans le système de contreventement, les valeurs données ci-dessus sont à multiplier par 1,5.

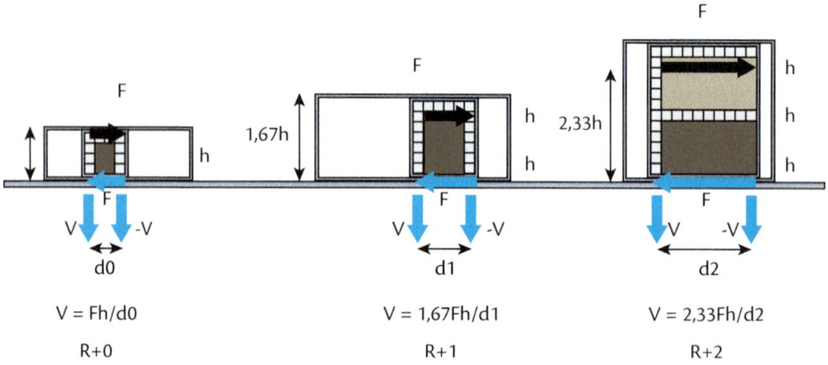

Figure 22 : Efforts verticaux en pied de palées

En fonction des caractéristiques réelles du bâtiment et du terrain, les efforts de base F_{he} doivent être augmentés en appliquant les coefficients multiplicateurs suivants :

- coefficient multiplicateur de surface k_s, sachant que k_s = surface au sol en m²/100) ;
- coefficient multiplicateur k_b en cas de planchers « lourds » (remplis de béton 2,60 kN/m² [masse activée = 3,45 kN/m²/niveau), sachant que k_b = 1,50 ;
- coefficients dépendant de la zone de sismicité (tableau 18), de la catégorie d'importance (tableau 19) et de la classe du sol (tableau 20).

Tableau 18 : Coefficient multiplicateur selon la zone de sismicité

Zone	1	2	3	4	5
ag en m/s²	–	0,7	1,1	1,6	3,0
Coefficient multiplicateur de zone	–	1,00	1,57	2,28	4,29

Nota : dans les zones 1 et 2, un bâtiment d'habitation de hauteur inférieure à 28 m n'est pas soumis à la réglementation parasismique.

Tableau 19 : Coefficient multiplicateur selon la catégorie d'importance

Catégorie d'importance [1]	I	II	III	IV
Type de bâtiment	Autre bâtiment	Résidentiel < 28 m	Résidentiel > 28 m	Santé et secours
Activité	Sans activité	Industriel < 300 personnes	Industriel > 300 personnes	Communication
Coefficient multiplicateur de catégorie d'importance du bâtiment	0,80	1,00	1,10	1,25

1. Les bâtiments de catégorie d'importance III et IV sont hors du domaine d'application du NF DTU32.3. Ils relèvent d'une étude particulière.

OBSERVATION

La présente méthode de calcul intègre une majoration forfaitaire des effets de la torsion et considère l'accélération enveloppe du spectre de calcul.

Tableau 20 : Coefficient multiplicateur selon la classe de sol

Classe de sol	A	B	C	D	E
Coefficient multiplicateur de classe de sol en zones 1 à 4	1,00	1,35	1,50	1,60	1,80
Coefficient multiplicateur de classe de sol en zone 5	1,00	1,20	1,15	1,35	1,40

Exemples de profil stratigraphique selon la NF EN 1998-1:2004

Classe de sol	A	Rocher ou autre formation géologique de ce type comportant une couche superficielle d'au plus 5 m de matériau moins résistant
	B	Dépôts raides de sable, de gravier ou d'argile surconsolidée, d'au moins plusieurs dizaines de mètres d'épaisseur, caractérisés par une augmentation progressive des propriétés mécaniques avec la profondeur
	C	Dépôts profonds de sable de densité moyenne, de gravier et d'argile moyennement raide, ayant des épaisseurs de quelques dizaines à plusieurs centaines de mètres
	D	Dépôts de sol sans cohésion de densité faible à moyenne (avec ou sans couches cohérentes molles) ou comprenant une majorité de sols cohérents mous à fermes
	E	Profil de sol comprenant une couche superficielle d'alluvions avec des valeurs de ns de classe C ou D et une épaisseur comprise entre 5 m environ et 20 m, reposant sur un matériau plus raide avec ns > 800 m/s (ns = valeur moyenne de propagation des ondes de cisaillement S)

À titre d'exemple, les tableaux 21, 22 et 23 suivants appliquent tous les trois des coefficients pour un bâtiment de 80 m² au sol, à plancher(s) léger(s), en zone 3 sur sol classe C. La variable se situe dans le nombre de niveaux.

Tableau 21 : Exemple 1 à R + 0

Bâtiment à R + 0		
Base : bâtiment R + 0 de 100 m² —> F_{he} =	32,00 kN	
80 m² —> coefficient de surface au sol	0,80	
Zone 3	1,57	Voir tableau 18
Catégorie d'importance II	1,00	Voir tableau 19
Classe de sol C	1,50	Voir tableau 20
Planchers légers	1,00	
EFFORT F_T total	60,29 kN	= produit des 6 valeurs ci-dessus
Si hauteur de niveau en m	2,80 m	
H moyen / h niveau	1,00	Voir tableau 17
Position de la force résultante h_r	2,80 m	Voir figure 18
Nombre n de palées de 1,20 m nécessaires : (capacité unitaire à l'ELU : F_u = 15 kN)	4 palées [1], soit 2 fois 2 palées [1] dans chaque sens : n = 4	
Effort horizontal en pied de palée	F_{Ad} = 15,07 kN *	
Effort vertical en pied de palée $V_{Ad} = F_T.h_r / n.d_0$	V_{Ad} = 35,17 kN *	

1. Voir § 4 de ce chapitre la description des différentes solutions de palées classiques en profils laminés à chaud et en profils minces formés à froid.

Tableau 22 : Exemple 2 à R + 1

Bâtiment à R + 1		
Base : bâtiment R + 1 de 100 m² —> F_{he} =	64,00 kN	
80 m² —> coefficient de surface au sol	0,80	
Zone 3	1,57	Voir tableau 18
Catégorie d'importance II	1,00	Voir tableau 19
Classe de sol C	1,50	Voir tableau 20
Planchers légers	1,00	
EFFORT F_T total	120,58 kN	= produit des 6 valeurs ci-dessus
Si hauteur de niveau en m	2,80 m	
H moyen / h niveau	1,67	Voir tableau 17
Position de la force résultante h_r	4,68 m	Voir figure 18
Nombre n de palées de 1,20 m nécessaires : (capacité unitaire à l'ELU : F_u = 15 kN)	8 palées [1], soit 2 fois 4 palées [1] dans chaque sens : n = 8	
Effort horizontal en pied de palée	F_{Ad} = 15,07 kN *	
Effort vertical en pied de palée $V_{Ad} = F_T.h_r / n.d_0$	V_{Ad} = 58,78 kN *	

1. Voir § 4 de ce chapitre la description des différentes solutions de palées classiques en profils laminés à chaud et en profils minces formés à froid.

Tableau 23 : Exemple 3 à R + 2

Bâtiment à R + 2		
Base : bâtiment R + 2 de 100 m² —> F_{he} =	96,00 kN	
80 m² —> coefficient de surface au sol	0,80	
Zone 3	1,57	Voir tableau 18
Catégorie d'importance II	1,00	Voir tableau 19
Classe de sol C	1,50	Voir tableau 20
Planchers légers	1,00	
EFFORT F_T total à l'ELU	180,87 kN	= produit des 6 valeurs ci-dessus
Si hauteur de niveau en m	2,80 m	
H moyen / h niveau	2,33	Voir tableau 17
Position de la force résultante h_r	6,52 m	Voir figure 18
Nombre n de palées de 1,20 m nécessaires : (capacité unitaire à l'ELU : F_u = 15 kN)	12 palées [1], soit 2 fois 6 palées [1] dans chaque sens : n = 12	
Effort horizontal en pied de palée	F_{Ad} = 15,07 kN *	
Effort vertical en pied de palée $V_{Ad} = F_T.h_r / n.d_0$	V_{Ad} = 81,89 kN *	

1. Voir § 4 de ce chapitre la description des différentes solutions de palées classiques en profils laminés à chaud et en profils minces formés à froid.

8.2 Ancrage des pieds de poteaux

Un système de liaison approprié doit relier la structure de la construction aux fondations et permettre la transmission des efforts horizontaux. Le système doit éliminer le risque de déplacement différentiel entre le sol, les fondations et la structure.

Le système de liaison entre fondations doit donc assurer les fonctions suivantes :

- transférer les efforts horizontaux aux fondations en les répartissant ;
- assurer aux différents appuis de la structure le même déplacement horizontal imposé par le sol.

Dans le cas de murs de soubassement, ce système de liaison doit impérativement assurer la continuité des chaînages venant de la superstructure jusqu'à leurs fondations (figure 23).

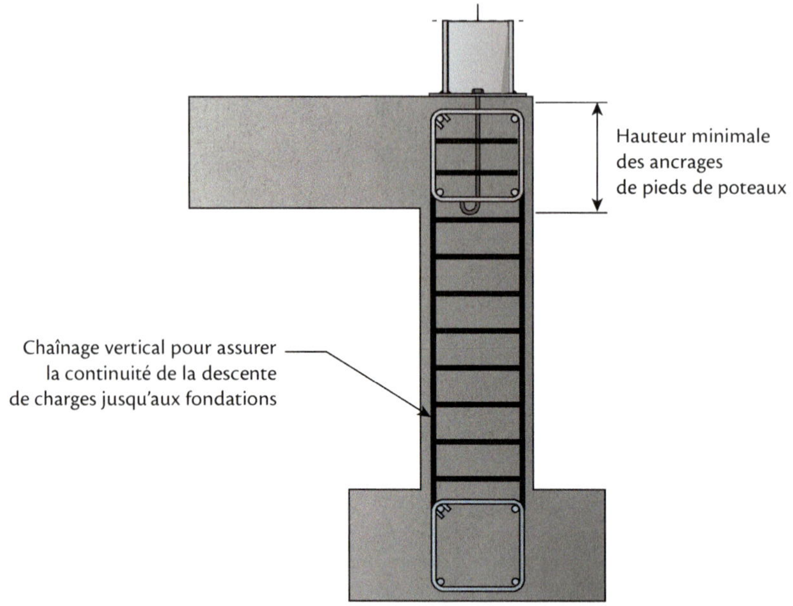

Figure 23 : Continuité du chaînage jusqu'aux fondations

Pour la conception des tiges d'ancrage, se référer au paragraphe 7 de ce chapitre.

OBSERVATION

Dans le cas d'emploi de chevilles bénéficiant d'un agrément technique européen (ATE) ou évaluation technique européenne (ETE) :

- leur longueur d'ancrage doit respecter les limitations de l'ATE ou ETE ;
- elles doivent être dimensionnées pour une utilisation en béton fissuré ;
- leur capacité résistante en cisaillement doit être limitée à la moitié de celle indiquée dans l'ATE ou ETE sous sollicitation statique.

9. Sécurité au feu

L'acier est un matériau incombustible (euroclasse A1). Cependant, sous l'effet de la chaleur, ses caractéristiques mécaniques diminuent avec l'augmentation de la température. Malgré cette diminution, le risque de rupture fragile est faible étant donné le caractère très ductile de l'acier.

De plus, l'homogénéité du matériau et sa capacité d'allongement minimisent la probabilité d'éclatement lors de changements brutaux de température et garantissent sa robustesse après refroidissement (pendant l'intervention de secours après un incendie, par exemple).

9.1 Réglementation

Pour les bâtiments d'habitation visés par le NF DTU 32.3, les règlements applicables sont le Code de la construction et de l'habitation et l'arrêté du 31 janvier 1986 qui classent les types d'habitation en famille.

Tableau 24 : Exigences au feu suivant la classification de l'ouvrage

Famille d'habitation	Exigence structure	Exigences façade Arrêté du 18 août 1986	Exigences séparatif logements
Première famille : habitation individuelle ou jumelée	SF 1/4 h	Non	CF 1/4 h
Première famille : habitation en bande	SF 1/4 h	Non	CF 1/4 h Regroupement CF 1/2 h tous les 45 m
Deuxième famille : habitation individuelle ou jumelée	SF 1/2 h Plancher entre logements CF 1/2 h	Non	CF 1/4 h
Deuxième famille : habitation en bande	SF 1/2 h Plancher entre logements CF 1/2 h	Non	CF 1/4 h Regroupement CF 1/2 h tous les 45 m
Deuxième famille : habitat collectif	SF 1/2 h Plancher CF 1/2 h	Non	CF 1/2 h

Nota : Les habitations des troisième et quatrième familles ne sont pas visées par le NF DTU 32.3.
SF : Stable au feu
CF : Coupe-feu

Pour les bâtiments industriels et pour les bâtiments de bureaux dont le plancher haut est inférieur à 8 m, la réglementation n'impose aucune exigence de stabilité.

9.2 Protection des structures

En fonction du classement de l'ouvrage, la stabilité au feu de la structure peut être assurée par :

- l'acier seul, sans protection rapportée :
  - si aucune exigence de stabilité ou si exigence au maximum à SF 1/4 h : sans justifications ;
  - sinon : avec justifications selon la NF EN 1993-1-2 (eurocode 3, partie 1-2) ;
- une protection par la nature ou l'épaisseur des parements (doublage, plafonds, etc.) : plaques de plâtre, plafonds suspendus, etc. ;
- une protection par flocage.

> **OBSERVATION**
>
> - Les ouvrages protégés par peinture intumescente ne sont pas visés par le NF DTU 32.3.
> - Dans le cas d'une protection par des éléments rapportés, il convient de se reporter aux performances des produits utilisés pour respecter la réglementation incendie.

9.3 Protection des planchers

Les systèmes de planchers décrits au paragraphe 5 de ce chapitre offrent des caractéristiques de résistance au feu qui peuvent, selon l'exigence de stabilité définie, répondre à la réglementation. Le tableau ci-dessous synthétise les performances au feu des planchers.

Tableau 25 : Possibilité d'utilisation de planchers en fonction de l'exigence au feu

Exigence de degré coupe-feu	Planchers sur éléments minces		Planchers en béton sur bacs acier (collaborants ou non)		Planchers secs sur bacs
	Sur solives non protégées	Sur solives protégées	Sur solives non protégées	Sur solives protégées	Bac acier + plaque rapportée
Aucune	Vert	Vert	Vert	Vert	Vert
1/4 h	Vert	Vert	Vert	Vert	Vert
1/2 h	Orange	Vert	Orange	Vert	Orange

Vert : pas de restriction pour l'utilisation.
Orange : possibilité d'utilisation moyennant justification au feu.

CHAPITRE 4

Classes d'exécution

NF EN 1090-2

La norme EN 1090-2, applicable pour l'exécution et la fabrication des structures métalliques, introduit la notion de « classe d'exécution » afin de hiérarchiser les exigences de qualité et les modalités de contrôles concernant :

- les matériaux utilisés ;
- la qualité de fabrication, en particulier le soudage en usine ;
- la qualité d'exécution des structures métalliques.

1. Choix de la classe d'exécution

Le choix de la classe d'exécution :

- se fait conjointement entre le maître d'œuvre et le maître d'ouvrage, avec consultation de l'entreprise chargée de l'exécution ;
- doit être spécifié dans les DPM ;
- peut être déterminé selon les recommandations de la CNC2M (document BNCM/CNC2M-N0169) ou selon l'annexe C de l'Eurocode 3-1-1/A1 à partir de la classe de conséquences définie selon la matrice suivante :

Tableau 1 : Tableau de choix de classes d'exécution

Classe de fiabilité (RC) ou Classe de conséquences (CC)		Type de chargement
	Statique, quasi statique ou sismique DCL(1)	**Fatigue (2) ou sismique DCM ou DCH (1)**
RC3 ou CC3	EXC3(3)	EXC3(3)
RC2 ou CC2	EXC2	EXC3
RC1 ou CC1	EXC1	EXC2

(1) Les classes de ductilité sismique sont définies dans l'EN 1998-1. DCL = faible ductilité, DCM = moyenne ductilité, DCH = haute ductilité.
(2) Voir EN 1993-1-9.
(3) La classe d'exécution EXC4 peut être spécifiée pour les structures dont la rupture entraînerait des conséquences extrêmes.

Source : CNC2M

Le choix de la classe d'exécution en fonction de classe de fiabilité est apparu avec la nouvelle Annexe C de l'Eurocode 3-1-1/A1 (en référence à l'Eurocode 0). Les futurs compléments nationaux pourront préciser les modalités d'application de cette nouvelle annexe pour le cas français.

Les classes de conséquences sont issues de l'annexe B de la NF EN 1990 (eurocode 0) qui classifie les conséquences de la défaillance ou du mauvais fonctionnement de la structure en fonction de l'importance de la structure ou de l'élément structural concerné :

Tableau 2 : Définition des classes de conséquences (NF EN 1990, annexe B)

Classe de conséquences	Description	Exemples de bâtiments et de travaux de Génie civil
CC3	Conséquences élevées en termes de pertes de vie humaine ou conséquences économiques, sociales ou environnementales très importantes	Tribunes, bâtiments publics où les conséquences de la défaillance seraient élevées (salle de concert, par exemple)
CC2	Conséquences moyennes en termes de pertes de vie humaine, conséquences économiques, sociales ou environnementales considérables	Bâtiments résidentiels et de bureaux, bâtiments publics où les conséquences de la défaillance seraient moyennes (bâtiment de bureaux, par exemple)
CC1	Conséquences faibles en termes de pertes de vie humaine et conséquences économiques, sociales et environnementales faibles ou négligeables	Bâtiments agricoles normalement inoccupés (bâtiments de stockage, par exemple), serres

OBSERVATION

Le choix des classes de conséquences peut se faire selon les catégories d'éléments et les classes de conséquences spécifiques, selon les recommandations de la CNC2M.

Tableau 3 : Définition des catégories de service (Recommandations de la CNC2M)

Catégorie de service	Exemples
SC1	• Éléments structuraux calculés pour des actions quasi statiques (1), sauf cas définis en SC2 ; • Éléments structuraux calculés pour des actions de fatigue exercées par des ponts roulants de classe S0 (2) ; • Éléments structuraux avec leurs assemblages calculés pour des actions sismiques dans la classe de ductilité DCL et DCL+ (3).
SC2	• Éléments structuraux calculés pour des actions de fatigue exercées par des ponts roulants de classe S1 à S9 (2) ; • Éléments structuraux calculés pour des actions dynamiques induites par la foule (4) ou les machines tournantes ; • Éléments structuraux avec leurs assemblages, calculés pour des actions sismiques dans les classes de ductilité DCM et DCH (5) ; • Structures sensibles aux instabilités aéroélastiques ou au détachement tourbillonnaire (Annexe E de l'EN 1991-1-4) mais aussi les structures pour lesquelles la part dynamique (Cd) du coefficient structural CsCd dépasse la valeur seuil de 1,25.

(1) Le vent est considéré comme une action quasi statique : voir la NF EN 1991-1-4 (chapitre 3.3).
(2) Les classes S0 à S9 sont définies dans le tableau 2.11 de la NF EN 1991-3. Ces classes prennent en compte la fréquence d'utilisation du pont et le niveau usuel de chargement.
(3) Voir les « Recommandations pour le dimensionnement parasismique des structures en acier et mixtes non ou faiblement dissipatives » de la CNC2M.
(4) Certains escaliers de secours relèvent de cette catégorie en fonction de la destination des ouvrages qu'ils desservent.
(5) La catégorie SC2 concerne les éléments conçus pour avoir un comportement dissipatif, ainsi que leurs assemblages, en tant qu'éléments de structure parasismique en classe de ductilité DCM ou DCH selon la norme NF EN 1998-1. Les autres éléments de la structure, non dissipatifs, peuvent être considérés en catégorie SC1.

Source : CNC2M

Tableau 4 : Définition des catégories de production

Catégorie de production	Exemples
PC1	• Éléments non soudés fabriqués à partir de produits en acier, quelles que soient leurs nuances. • Éléments soudés fabriqués à partir de produits de nuance d'acier inférieure à S355. • Soudures âme/semelle de PRS de nuance d'acier inférieure ou égale à S355.
PC2	• Éléments soudés (toutes nuances) comportant des assemblages de continuité par soudures bout à bout. • Éléments soudés fabriqués à partir de produits de nuance d'acier inférieure ou égale à S355. • Éléments essentiels à l'intégrité de la structure qui sont assemblés par soudage sur le chantier de construction. • Éléments devant subir un formage à chaud ou un traitement thermique au cours de la fabrication. • Éléments de treillis tubulaires nécessitant des découpes en gueule de loup. • Assemblages particuliers tels que certains inserts à goujons.

Source : CNC2M

2. Exigences relatives à la classe d'exécution EXC2

Pour les exigences relatives aux classes d'exécution supérieures (EXC3 et EXC4), se reporter au tableau de synthèse de l'annexe 3 de la NF EN 1090-2.

Pour les ouvrages visés par le NF DTU 32.3, la classe d'exécution peut être, selon les cas, EXC1 ou EXC2. La classe EXC2 implique, en application de la NF EN 1090-2, un certain nombre d'exigences qui sont détaillées ci-après.

2.1 Dossier qualité

Le dossier qualité permet au responsable de l'exécution des travaux de préciser notamment :

- l'organisation de l'entreprise de montage de la structure ;
- les diverses procédures d'exécution ;
- les points de contrôles prévus ;
- les non-conformités ;
- les points d'arrêt.

Ce dossier peut être présenté sous la forme de fiches dont les rubriques sont à renseigner.

CONSTRUCTEUR CM	**Affaire n°**		**à**	**Fiche qualité n°** Selon DTU 32.3 annexe D du CCT
PDG **RC** **NAF**	**Adresse :**			**Établit le :**
Agence : Adresse : Tél. : Fax : Mobile : Email :	**Maître d'ouvrage :** Nom et prénom du client : Adresse du client : Tél. : Fax : Mobile : Email :			**Responsable d'affaire** : Tél. : Email : Mobile :
	PC n°		**Délivré le :**	

CARACTÉRISTIQUES DU SITE		
Neige Région : Altitude :	**Vent** Région : Catégorie de rugosité : Coefficient d'orographie :	**Séisme** Région : Classe du sol :

CARACTÉRISTIQUES DE LA CONSTRUCTION					
Type : Habitation individuelle : Catégorie d'utilisation : Soubassement traditionnel :		**Plan n°** **Plan n°**		**du** **du**	
Planchers :		Poids :		kN/m²	
Toiture :		Poids :		kN/m²	
Murs :		Poids :		kN/m²	
Charge d'exploitation	Ponctuelle :	Répartie		kN/m²	

CARACTÉRISTIQUES DE LA STRUCTURE	Classe d'exécution selon EN 1090-2+A1		
Croquis de principe général		Plan n°	

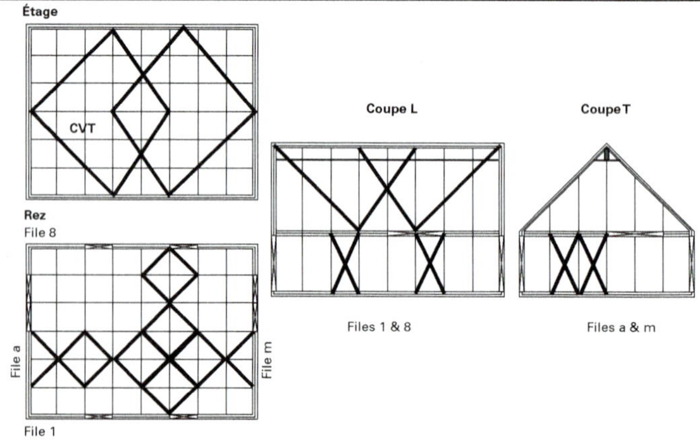

Exemple

PAVx toiture	Par tirants CVT	PAVx sous planchers	Entre files a et m : 4 palées x
PAVy toiture	Par tirants CVT	PAVy sous planchers	Entre files 1 & 8 : 4 palées y

Figure 1 : Fiche du dossier qualité portant sur le constructeur

INTERVENANTS AFFAIRE

CONSTRUCTEUR

Organigramme de l'entreprise

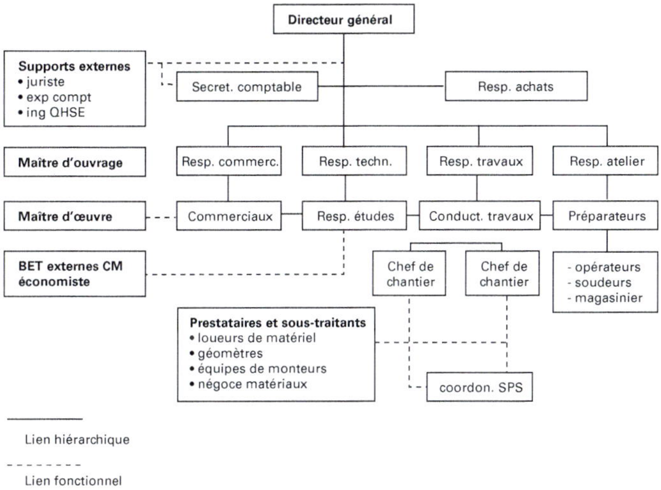

AUTRES INTERVENANTS

Maître d'œuvre	SOCIÉTÉ : Adresse :		N° RC :	Code NAF :
	Nom du correspondant :	N° mobile :	N° téléphone :	Adresse email :
Entreprise GO	SOCIÉTÉ : Adresse :		N° RC :	Code NAF :
	Nom du correspondant :	N° mobile :	N° téléphone :	Adresse email :
BET GO	SOCIÉTÉ : Adresse :		N° RC :	Code NAF :
	Nom du correspondant :	N° mobile :	N° téléphone :	Adresse email :
BET CM	SOCIÉTÉ : Adresse :		N° RC :	Code NAF :
	Nom du correspondant :	N° mobile :	N° téléphone :	Adresse email :
Monteurs	SOCIÉTÉ : Adresse :		N° RC :	Code NAF :
	Nom du correspondant :	N° mobile :	N° téléphone :	Adresse email :
Menuiseries extérieures	SOCIÉTÉ : Adresse :		N° RC :	Code NAF :
	Nom du correspondant :	N° mobile :	N° téléphone :	Adresse email :
Couverture	SOCIÉTÉ : Adresse :		N° RC :	Code NAF :
	Nom du correspondant :	N° mobile :	N° téléphone :	Adresse email :
Menuiseries intérieures	SOCIÉTÉ : Adresse :		N° RC :	Code NAF :
	Nom du correspondant :	N° mobile :	N° téléphone :	Adresse email :

Figure 2 : Fiche du dossier qualité portant sur les intervenants

ORGANISATION ET CONTROLE INTERNE						
Organisation des tâches	**Exécutant** *(par exemple)*	**Date prévue**	**Contrôle interne** *(par exemple)*	**Date du contrôle**	**Points particuliers à contrôler** *(case à cocher si contrôle positif)*	**Commentaires**
Étude/ddch	Projeteur M...		R travaux M...		Visa plans ☐ Visa note de calcul ☐	*Point d'arrêt recommandé*
Approvisionnement	Acheteur M...		Responsable atelier		Quantité ☐ Spécifications matières ☐ Boulonnerie ☐	
Débit poinçonnages	Opérateur M...		Responsable atelier		Quantité ☐ Dimensions ☐ Epaisseurs ☐ Nuances ☐	
Assemblages et traitement	Opérateur M...		Responsable atelier		Soudures ☐ Traitements de surface ☐ Boulons ☐ (SB, HR, HV, HRC) ☐ Vis ☐	Vérification visuelle des soudures Vérification marquage des boulons
Colisage	Magasinier M...		Responsable atelier		Quantité ☐ Boulons de chantier ☐ Vis de chantier ☐	
Contrôle soubassement	Conducteur travaux M...		Responsable travaux		Position ☐ Accès ☐ Niveaux ☐ Dimensions ☐ Fourreaux ☐	*Point d'arrêt recommandé*
Transport, stockage site	Chef de chantier M...		Chef de chantier		Calage ☐ Elinguage ☐ Quantité ☐	
Sécurité de chantier	Chef de chantier M...		Responsable travaux		Protection individuelle ☐ Protection collective ☐ Echafaudage ☐ Stabilité provisoire ☐	
Montage murs	Chef monteur M...		Chef de chantier		Angle ☐ Stabilités ☐ Baie ☐ Linteaux ☐ Ouvertures ☐	
Montage plancher	Chef monteur M...		Chef de chantier		Solives ☐ Renforts ☐ Chevêtres ☐ Rives ☐	
Montage toiture	Chef monteur M...		Chef de chantier		Pannes ☐ Renforts ☐ Chevêtres ☐ Rives ☐	
Contrôle montage	Chef monteur M...		Responsable travaux		Coupure capillaire ☐ Ancrages ☐ Vis ☐ Boulons ☐ Joints ☐	

Figure 3 : Fiche du dossier qualité portant sur l'organisation et le contrôle interne

RAPPEL PROCEDURES DE FABRICATION	
Soudage	Nom du soudeur qualifié selon norme NF EN 287-1 : Nom du coordinateur qualifié de niveau B (selon norme NF EN ISO14731) Nom du contrôleur qualifié Soudures platines d'encastrement (profils et tubes) Soudures platines pieds de poteaux (profils et tubes)
Fabrication tôleries	Débit Poinçonnage Pliage Marquage
	Marquage des éléments avant conditionnement
Expédition	Colisage Calage Elinguage
	Marquage pour expédition

RAPPEL PROCEDURES MONTAGE	
Sécurité chantier	Échafaudage, garde-corps, filets, échelles,... Équipements individuels : casques, chaussures, gants, lunettes,...
Moyens de levage et de manutention	Grue, chariot télescopique, élévateur, élingues,... Stockage sur chantier
Ancrages & calage de mise à niveau	Moyens mis en œuvre Par exemple : niveau, cordeau, laser, règle, cordeau à tracer,...
Assemblage & réglages	Clef plate, clef à cliquet, clef dynamométrique, clef à choc, visseuse, etc.
Réception & gestion déchets	

RAPPEL PROCÉDURE TRAITEMENT DES NON-CONFORMITÉS					
Organisation des tâches	Exécutant (par exemple)	Date prévue	Contrôle interne par	Date accord	Points particuliers à contrôler
Rédaction fiches NC	Responsable affaire		RA		
Reprises selon fiches NC	Responsable affaire		MONT		
NC 1	Exposé résumé du constat		Décision de reprise		Liste et accord des intervenants concernés
NC 2	Exposé résumé du constat		Décision de reprise		Liste et accord des intervenants concernés
NC 3	Exposé résumé du constat		Décision de reprise		Liste et accord des intervenants concernés

Figure 4 : Fiche du dossier qualité portant sur les rappels des procédures de fabrication, de montage et de non-conformité

2.2 Autres exigences

Les autres exigences de la NF EN 1090-2 concernent notamment les points suivants.

Identification par les documents de contrôle

Le contrôle porte sur :

- les aciers utilisés (voir à ce sujet les normes produits chapitre 3, § 2) ;
- la boulonnerie et les vis autoperceuses : attestation de conformité à la commande « type 2.1 », au sens de la NF EN 10204 ;
- les produits nécessaires au soudage : relevé de contrôle « type 2.2 », au sens de la NF EN 10204.

> **OBSERVATION**
>
> La NF EN 10204 définit des niveaux de document de contrôle de la manière suivante :
> - attestation « type 2.1 » : document de déclaration de conformité, sans résultats d'essais ;
> - relevé de contrôle « type 2.2 » : document de déclaration de conformité, avec indication des résultats d'essais basés sur un contrôle non spécifique.

Traçabilité partielle

La traçabilité partielle peut être obtenue en prévoyant la livraison des éléments sur site par lots, par exemple :

- en distinguant les typologies d'éléments ou lots de fabrication par nuances d'acier (une nuance pour les éléments poteaux, une nuance pour les éléments poutres, etc.) ;
- en marquant les éléments par typologie (poutre, poteau, etc.) ou par lot de fabrication ;

> **OBSERVATION**
>
> Pour certains éléments standards vendus par lots (boulonnerie ou autres éléments d'assemblage, par exemple), l'objectif de traçabilité partielle est difficilement atteignable. Dans ce cas, il convient que l'entreprise propose dans son dossier qualité des modalités de contrôles réguliers concernant l'identification de ces produits (voir au § 2.2 de ce chapitre la partie sur l'« Identification par les documents de contrôle »), sans nécessairement chercher à obtenir une traçabilité individuelle.

Soudage

Les exigences de la NF EN 1090-2 ne concernent que le soudage en atelier.

- Les modes opératoires de soudages doivent être qualifiés (QMOS), voir NF EN 1090-2, § 7.4.1.
- Les soudeurs et opérateurs doivent être qualifiés (soudeurs selon NF EN ISO 9606-1, opérateurs selon NF EN ISO 14732).
- Un coordinateur de soudage doit être désigné (voir NF EN 1090-2, § 7.4.3).

PRÉVENTION SÉCURITÉ/SANTÉ

IRIS ST

Les opérations de soudage libèrent des fumées toxiques composées de gaz et de particules métalliques. Pour limiter les risques pour votre santé, les locaux doivent être correctement ventilés, le corps, le visage et les voies respiratoires protégées par l'utilisation d'équipements de protection individuelle adaptés.

Contrôles après soudage

Les contrôles après soudage doivent être réalisés :

- le contrôle doit être étendu suivant la NF EN 1090-2, § 12.4.2.2 ;
- la réparation doit être faite selon les QMOS.

Manutention et stockage sur chantier

Pour la manutention et le stockage sur chantier, se référer au chapitre 6, § 2.

CHAPITRE 5

Conditions préalables aux travaux

1. Conditions de chantier

1.1 Objectif

Une analyse précise des conditions de chantier permet de garantir un déroulement satisfaisant des travaux en termes de qualité et de sécurité. Par ailleurs, les délais de travaux étant en général critiques, un aménagement en amont des aires d'accès et de stockage, en fonction des contraintes naturelles du site, permet de prévenir les problèmes d'installation et de minimiser les pertes de temps.

1.2 Exigences

NF EN 1090-2

Le montage ne doit pas commencer avant la mise en conformité du site prévu pour la construction aux exigences techniques en matière de sécurité des travaux. Ces exigences doivent tenir compte des éléments suivants :

- l'aménagement et l'entretien des circulations en dur destinées aux engins de levage et au matériel d'accès ;
- l'accès au chantier et à l'intérieur de celui-ci ; il convient notamment d'indiquer sur un plan :
  - les dimensions et les hauteurs de passage des itinéraires d'accès,
  - le niveau de l'aire de travail destinée à recevoir les engins de chantier,
  - les zones de stockage ;
- l'état du sol en rapport avec la sécurité de fonctionnement des installations. Une étude de sol est nécessaire afin d'évaluer la capacité portante des terrains, et ce pour toutes les installations au cours du chantier ;
- les tassements éventuels des appuis de la structure en cours de montage ;
- la présence possible de réseaux souterrains, de câbles aériens ou d'obstacles sur le chantier ;
- les limitations de dimensions ou de poids des éléments pouvant être livrés sur le chantier ;

OBSERVATION

Pour les éléments préfabriqués, il convient de se reporter à la notice de montage du fabricant afin de s'assurer que les conditions de sécurité liées à leur pose sont satisfaites.

- les conditions environnementales et climatiques particulières sur le chantier et aux environs ;
- les détails des structures adjacentes affectant ou affectées par les travaux ;
- la cohérence des exigences techniques relatives à la sécurité des travaux avec les différentes opérations de la construction lorsque les travaux font intervenir plusieurs corps de métier. Selon les cas, ce contrôle doit tenir compte :
  - des procédures de coopération convenues avec d'autres entrepreneurs,
  - des disponibilités des services sur chantier,
  - des valeurs maximales des charges de construction et de stockage autorisées sur la structure en acier.

PRÉVENTION SÉCURITÉ/SANTÉ

IRIS ST

- Pour une meilleure efficacité et une plus grande sécurité sur le chantier, il est important de prévoir les zones de stockage, les zones de déchets et les services dans des zones proches du chantier, tout en limitant le croisement des piétons et des engins.
- La proximité avec des réseaux électriques aériens ou souterrains doit être anticipée pour éviter tout risque d'électrocution lors de la phase de livraison des éléments, des matériaux ou lors du montage. En présence de réseaux, veillez à respecter la procédure de travail à proximité des réseaux (DICT…).

2. Réception des soubassements

2.1 Exigences

NF DTU 32.3

Avant la mise en œuvre des éléments de structure, les tolérances dimensionnelles du soubassement doivent être respectées :

- longueur et largeur : ± 0,01 m ;
- équerrage : ± 0,01 m mesuré sur 10 m ;
- arase : sur le muret périphérique, sur la dalle de fondation ou sur les piles, l'arase doit être nivelée avec une tolérance de ± 0,01 m sur une longueur de 10 mètres linéaires alignés ou non et de ± 2 mm par mètre linéaire ;
- rectitude des bords en plan : ± 5 mm.

2.2 Tolérances

Longueur et largeur

La tolérance pour la longueur et la largeur est de ± 0,01 m.

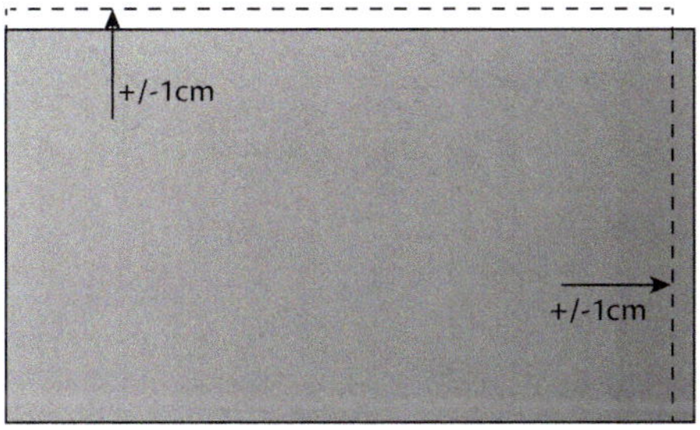

Figure 1 : Tolérance d'exécution de la longueur et de la largeur

Équerrage

La tolérance pour l'équerrage est de ± 0,01 m mesuré sur 10 m.

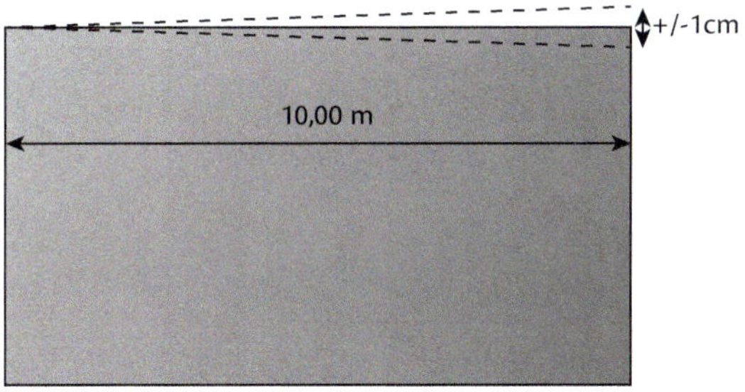

Figure 2 : Tolérance d'exécution de l'équerrage

Arase

Sur le muret périphérique, sur la dalle de fondation ou sur les piles, l'arase doit être nivelée avec une tolérance de :

- ± 0,01 m sur une longueur de 10 mètres linéaires alignés ou non ;

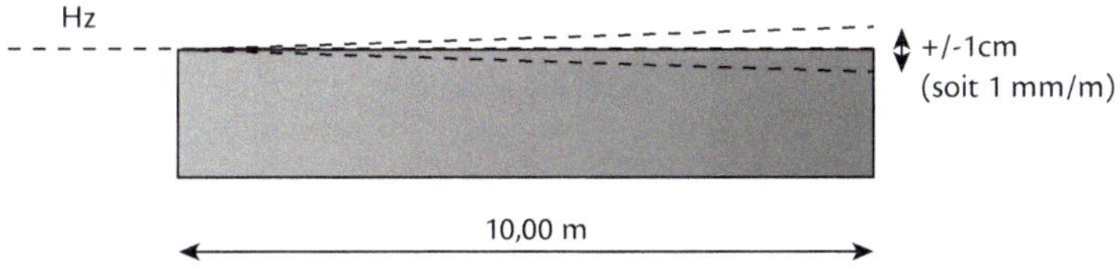

Figure 3 : Tolérance d'exécution de l'arase

- ± 2 mm par mètre linéaire.

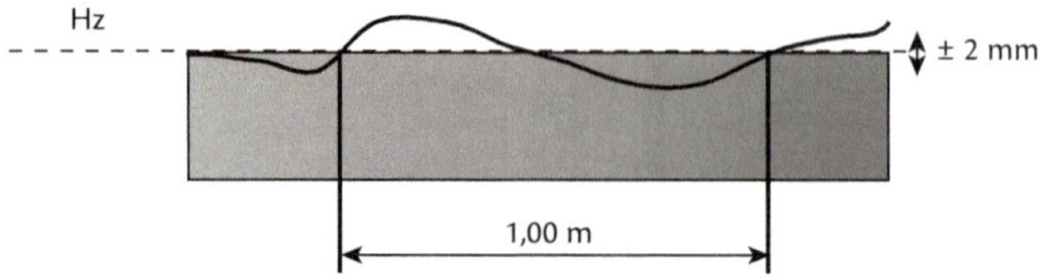

-

Figure 4 : Tolérance d'exécution de l'arase

Rectitude des bords en plan

La tolérance pour la rectitude des bords en plan est de ± 5 mm.

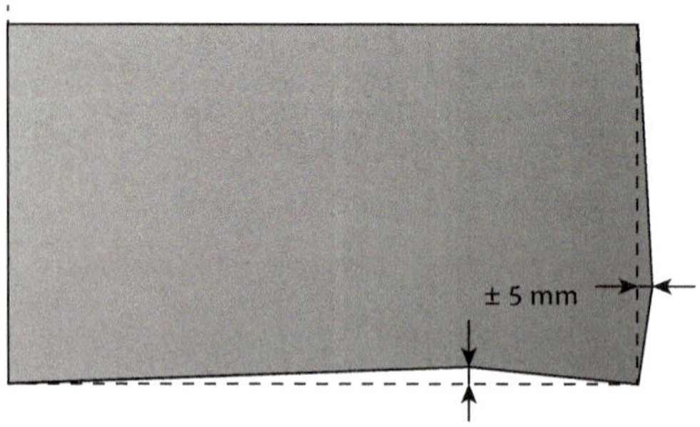

Figure 5 : Tolérance d'exécution de la rectitude des bords en plan

> **OBSERVATION**
>
> Dans la limite des tolérances d'exécution de soubassement, les rails bas peuvent être calés sous les montants pour compenser les imperfections de l'ouvrage de soubassement.

CHAPITRE 6

Conditions de mise en œuvre

1. Plans de montage

NF EN 1090-2

Les plans de montage doivent notamment faire apparaître :

- les emplacements des trames, les positions des appareils d'appui, l'assemblage des éléments et les exigences de tolérances ;
- l'implantation et l'orientation de la structure en acier ;
- les niveaux requis pour les planchers (en élévation) ;
- les détails nécessaires à la liaison des pièces en acier ou des tiges d'ancrage aux fondations ;
- les détails et la disposition de tout élément métallique ou autres constructions provisoires nécessaires au montage afin de garantir la stabilité de l'ouvrage et la sécurité du personnel.

Dans le cas de structures en éléments minces, les plans doivent également préciser :

- le type, l'épaisseur, le matériau, la longueur et la désignation des tôles ;
- le type de fixation et l'ordre (séquence) de fixation, y compris les informations concernant la mise en œuvre spécifique au type d'éléments de fixation (diamètre de perçage et couple minimal, par exemple) ;
- le système structural relatif aux tôles ;
- les joints longitudinaux et transversaux, associés à la spécification du type de fixations et de rondelles, ainsi que l'ordre de pose ;
- les positions de tous les assemblages sur chantier n'utilisant pas de trous prépercés ;
- le type et les détails se rapportant aux sous-ensembles des tôles tels que matériau, distances entre axes, création d'appuis, pente et détails des égouts et des rives ;
- les joints de dilatation ;
- les ouvertures et les encadrements associés (dôme d'éclairage, installations de ventilation de chauffage, d'extraction de fumées et d'évacuation des toitures, par exemple) ;
- les supports et les fixations (pour les gaines, les chemins de câbles et les faux plafonds, par exemple) ;
- les limitations du déplacement des personnels pendant l'installation et les exigences relatives aux dispositifs de répartition des charges.

PRÉVENTION SÉCURITÉ/SANTÉ

Les phases de travaux sur constructions provisoires sont délicates en matière de sécurité car les risques de chutes d'éléments métalliques ou d'instabilité sont plus importants. Il est donc essentiel de tout mettre en œuvre pour assurer la stabilité de la structure.

2. Manutention et stockage sur chantier

NF EN 1090-2

Il appartient au(x) responsable(s) de l'exécution des travaux d'appliquer les mesures indiquées dans cette partie, mesures qui font partie des exigences relatives à la classe d'exécution EXC2 (voir chapitre 4 « Classes d'exécution »).

2.1 Levage

Pour le levage, il est nécessaire :

- de protéger les éléments contre les dommages aux points de levage ;
- d'éviter le levage en un seul point d'élément long par l'utilisation de palonniers. Plusieurs points de levage doivent donc être prévus au stade de la fabrication de l'élément à lever ;
- de regrouper les éléments légers particulièrement sensibles aux dommages sur les rives, à la torsion et à la déformation quand ils sont manipulés individuellement. Il faut donc prendre soin d'éviter toute détérioration localisée où les éléments se touchent les uns les autres, aux rives non renforcées au niveau des points de levage ou d'autres zones où une part significative du poids total du fardeau est supportée par une seule rive non renforcée ;
- de manipuler et d'empiler les éléments afin de minimiser les risques de dégradation. Une attention particulière doit être portée aux méthodes d'élingage afin d'éviter d'endommager la structure en acier et son traitement protecteur.

PRÉVENTION SÉCURITÉ/SANTÉ IRIS ST

Outre les risques matériels, de mauvaises conditions d'élingage présentent des risques pour la sécurité des travailleurs sur le chantier. Veillez à appliquer les bonnes pratiques : choix de l'élingue, vérification de l'état du matériel, système d'accrochage, stabilité, conditions de déplacement de la charge, port de casque de sécurité...

2.2 Stockage

Pour le stockage, il est nécessaire :

- d'empiler les éléments fabriqués, stockés avant le transport ou le montage, en les isolant du sol ;
- de fournir les supports nécessaires pour éviter les déformations permanentes ;
- de stocker, conformément aux exigences des normes applicables, les tôles nervurées et autres produits fournis avec des surfaces décoratives préfinies.

OBSERVATION

En cas d'endommagement d'un élément lors du déchargement, du transport, du stockage ou du montage, cet élément doit être remis en conformité.

3. Mise en œuvre des éléments de structure

3.1 Éléments de fixation : exigences communes

DTU 32.3, NF EN 1090-2

Matériaux et produits des fixations

Les matériaux et les produits constitutifs des fixations des éléments structuraux doivent respecter les conditions données dans le tableau 1.

Tableau 1 : Référentiels applicables pour fixations

Type de fixation		Référentiels normatifs
Général		NF EN 1090-2, NF EN 1090-4 et NF EN 1993-1-8
Boulons de diamètre > 12 mm	Acier-acier	NF EN 15048-1 et NF EN 14399-1
Boulons de diamètre < 12 mm	Acier-acier	NF EN ISO 898-1 : caractéristiques mécaniques des vis NF EN ISO 898-2 : caractéristiques mécaniques des écrous NF EN ISO 4014 ou NF EN ISO 4017 : caractéristiques dimensionnelles des vis à tête hexagonale partiellement filetées et entièrement filetées NF EN ISO 4032 : caractéristiques dimensionnelles des écrous hexagonaux normaux
Boulons, tiges filetées et broches	Acier-bois	NF EN 14592+A1
Chevilles métalliques	Acier-béton	Agrément technique européen selon ETAG 001
Boulons d'ancrage (voir chapitre 3, § 6)	Acier-béton	NF EN ISO 898-1, NF EN 10025-2 ou EN 10025-4
Protection de fixation		Référentiels normatifs
Revêtement électrolytique		NF EN ISO 4042
Revêtement de galvanisation à chaud		NF EN ISO 10684
Revêtement par shérardisation		NF EN ISO 17668
Aciers inoxydables		NF EN 10088-3, NF EN ISO 3506-1, NF EN ISO 3506-2

Vis autoperceuses

Les vis autoperceuses doivent être conformes aux exigences données au tableau 2.

Tableau 2 : Exigences générales pour vis autoperceuses

Vis autoperceuses					Support	
Type d'assemblage	**Diamètre minimal**	**Résistance minimale arrachement**	**Résistance minimale cisaillement**	**Essais selon**	**Matériau**	**Épaisseur minimale**
Acier-acier	4,8 mm	Pk = 2,60 kN	Pk = 6,20 kN	NF P 30-314 NF P 30-316	Acier S350	1,5 mm
Acier-bois	4,8 mm	Pk = 2,60 kN	Pk = 1,00 kN		OSB 3	18 mm

- L'espacement des vis autoperceuses doit être inférieur à 0,30 m.
- L'espacement des boulons et des tiges d'ancrage doit être inférieur à 1,20 m.
- Au moins un filet complet (outre l'amorce de filetage) doit rester libre entre la surface portante de l'écrou et la partie lisse de la tige.

OBSERVATION

Il convient de respecter les distances maximales et minimales entre trous de boulons, conformément à la NF EN 1993-1-8, § 3.5, pour éviter respectivement la corrosion entre pièces assemblées et l'encombrement des clés de serrage.

3.2 Fixation des éléments de mur

Les murs peuvent être mis en œuvre soit directement sur le soubassement en béton, soit sur le rail haut des murs inférieurs :

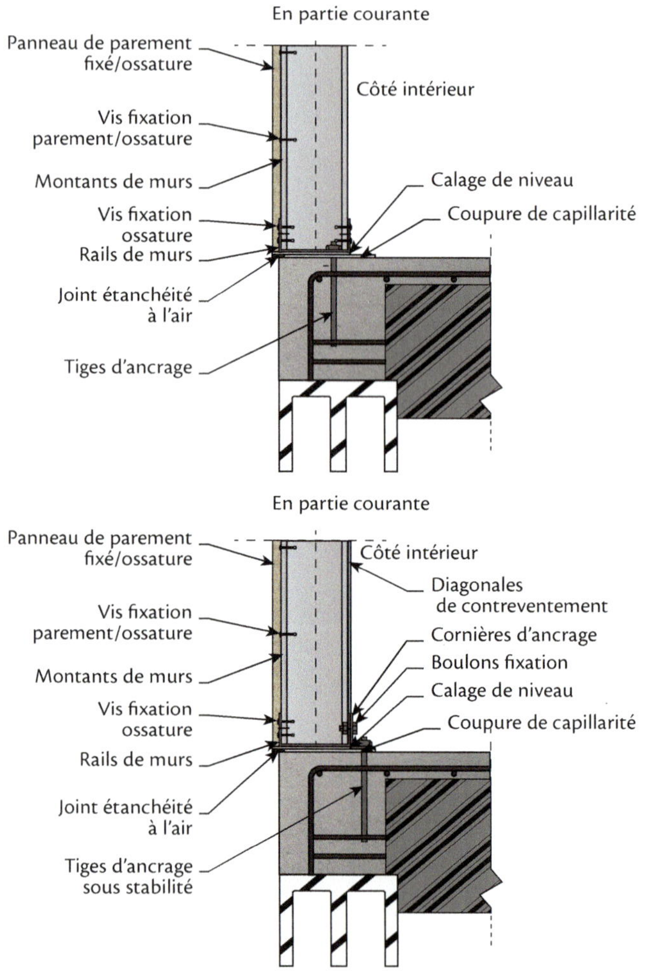

Figure 1 : Fixation sur soubassement en béton en partie courante (en haut), en pied de palées (ci-dessus)

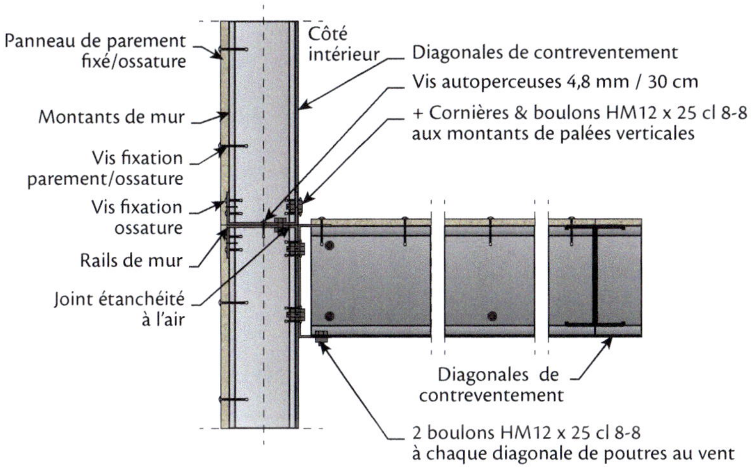

Figure 2 : Fixations sur murs inférieurs

Exigences

NF DTU 32.3, EN 1090-2 et EN 1090-4

- L'espacement des vis autoperceuses doit être inférieur à 0,30 m.
- L'espacement des boulons et des tiges d'ancrage doit être inférieur à 1,20 m.
- La fixation entre les poteaux verticaux de jonction doit être faite en cinq points au minimum sur une hauteur d'étage. Les vis, de diamètre supérieur ou égal à 4,8 mm, sont posées en quinconce et fixent les éléments entre eux avec un espacement maximal de 300 mm.

Tolérances de montage

Les tolérances de montage sont à vérifier avant la pose des revêtements extérieurs et intérieurs.

Les tolérances dimensionnelles des façades du bâtiment, mesurées sur 10 m, sont :

- longueur et largeur : ± 10 mm ;
- équerrage : ± 10 mm.

Tableau 3 : Tolérances pour la rectitude d'un poteau

Rectitude d'un poteau d'une structure à un seul niveau		
Rectitude d'un poteau d'une structure à un seul niveau : 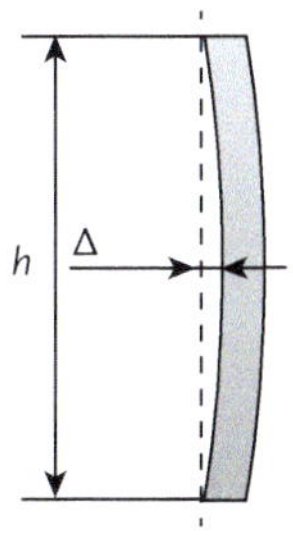	Position du poteau dans le plan, par rapport à une ligne droite entre des points de repère à la partie supérieure et à la partie inférieure : • en général • profils creux pour la construction	 Δ = ± h / 750 Δ = ± h / 750

Pour les ancrages de pieds de poteaux, les tolérances à respecter sont indiquées tableau 4.

Tableau 4 : Tolérances pour l'ancrage de pieds de poteaux

	Tolérances à respecter	
Niveau de fondation 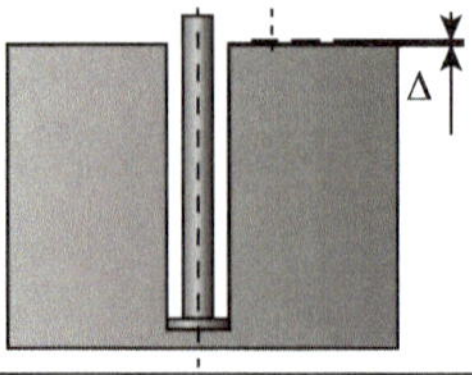	Écart Δ par rapport au niveau spécifié	– 15 mm ≤ Δ ≤ 5 mm
Paroi verticale 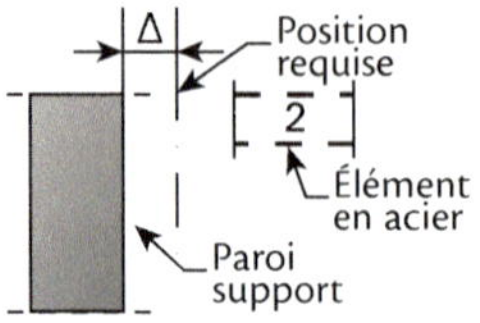	Écart Δ par rapport à la position requise au niveau du point d'appui pour l'élément en acier	Δ = ± 25 mm
Tige d'ancrage prescellée prévue avec réglage 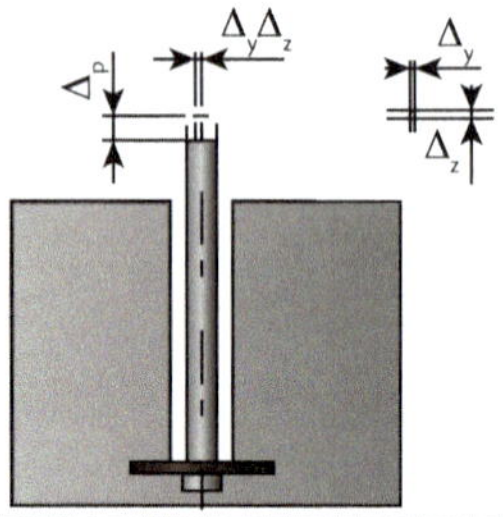	Écart Δ par rapport à la position et à la longueur saillante requises : • position au niveau du sommet • saillie verticale Δ_p *Nota* : l'écart autorisé pour l'emplacement du centre d'un groupe de boulons est de 6 mm	Δ_y, Δ_z = ± 10 mm 5 mm ≤ Δ_p ≤ + 25 mm
Tige d'ancrage prescellée prévue sans réglage 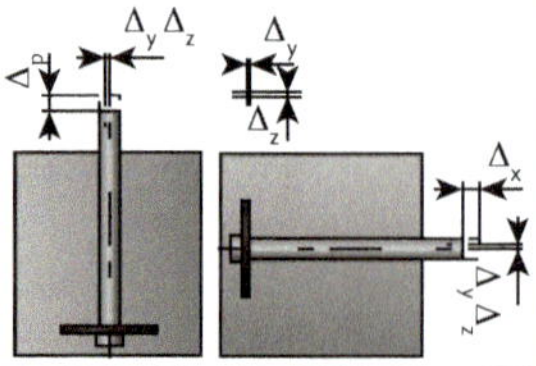	Écart Δ par rapport à la position, au niveau et à la longueur saillante requis : • position au niveau du sommet • saillie verticale Δ_p • saillie horizontale Δ_x *Nota* : l'écart autorisé pour l'emplacement s'applique aussi au centre d'un groupe de boulons	Δ_y, Δ_z = ± 3 mm -5 mm ≤ Δ_p ≤ + 45 mm -5 mm ≤ Δ_x ≤ + 45 mm
Plaque d'ancrage en acier noyée dans le béton 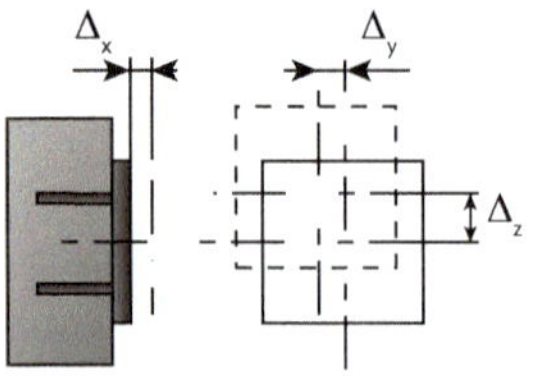	Écart Δ_x, Δ_y, Δ_z par rapport à la position et au niveau requis	Δ_x, Δ_y, Δ_z = ± 10 mm

PRÉVENTION SÉCURITÉ/SANTÉ

L'utilisation de machines électroportatives sur le chantier présente des risques pour votre santé et votre sécurité. Veillez au bon état des machines et au port des équipements de protection adaptés : gants, lunettes, protection auditive…

3.3 Fixations des éléments de plancher

Fixations

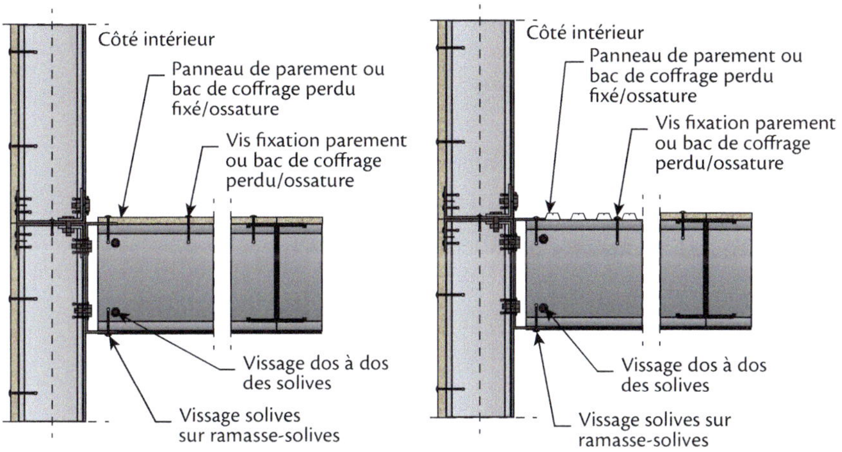

m : Panneau de parement ou bac de coffrage perdu fixé/ossature
n : Vis de fixation ou bac de coffrage perdu/ossature

Figure 3 : Fixations de plancher.

Exigences

DTU 32.3, DTU 51.3, Avis Techniques

Planchers secs : panneaux à base de bois

- Les panneaux à base de bois doivent reposer sur trois appuis au moins.
- Ils doivent être fixés tous les 15 cm en périmètre et tous les 30 cm entre eux (voir figure 4).

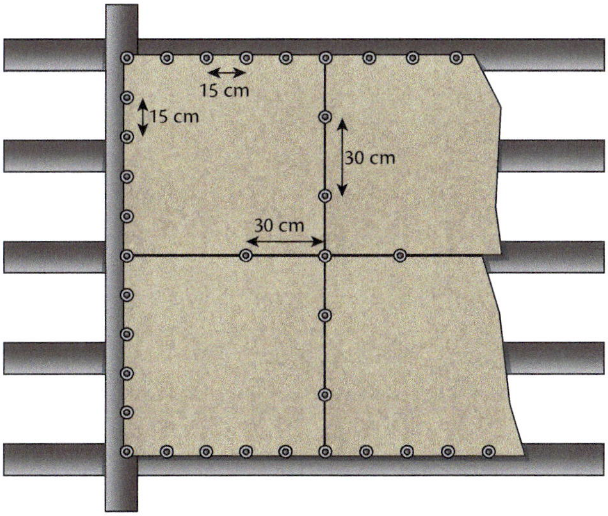

Figure 4 : Vue en plan : fixations des panneaux de plancher

Planchers sur bacs acier collaborants

L'espacement maximal des fixations est limité à :

- 50 cm maxi entre 2 fixations sur appuis ;
- 1,25 m entre fixations sur appui et couture ;
- 1 m entre deux coutures.

Une fixation peut tenir lieu de couture. Voir figure 5 le principe de fixation-couture.

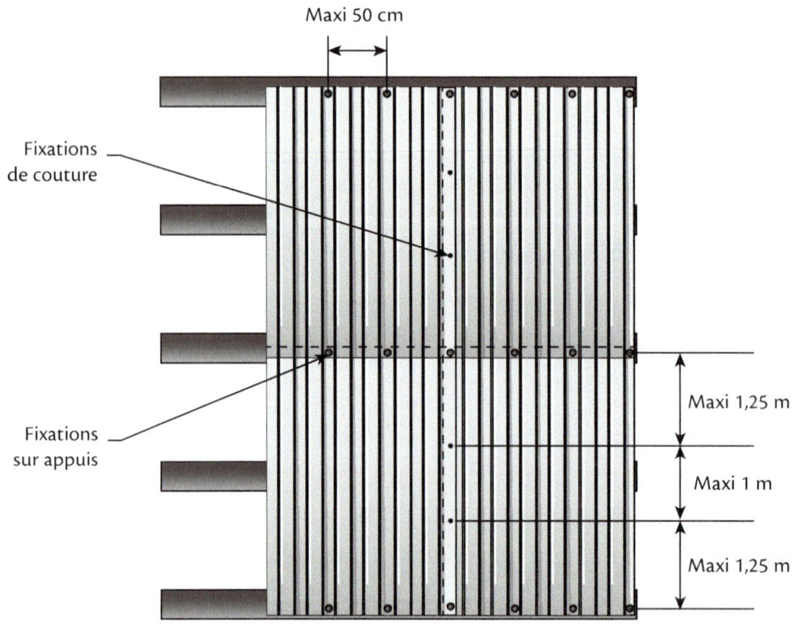

Figure 5 : Vue en plan : fixations des bacs métalliques

PRÉVENTION SÉCURITÉ/SANTÉ IRIS ST

Pour garantir la stabilité du plancher et permettre des conditions de fixation sûres, s'assurer que l'étaiement est adapté et en nombre suffisant.

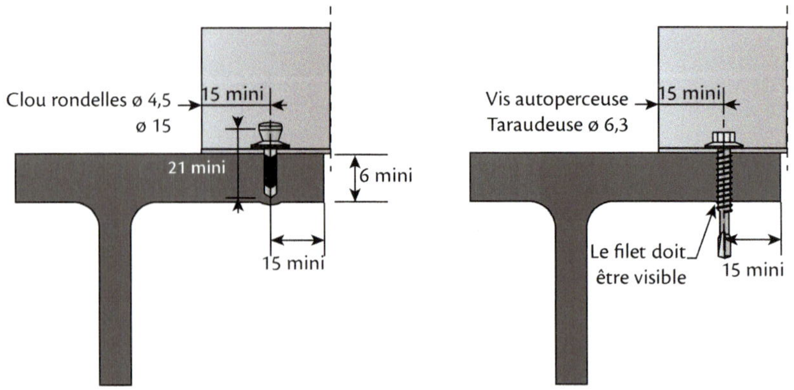

Figure 6 : Détails de fixations des bacs sur appuis métalliques

Tolérances pour solives

Tableau 5 : Tolérances pour les solives

Critère	Paramètre	Écart autorisé Δ
Espacement 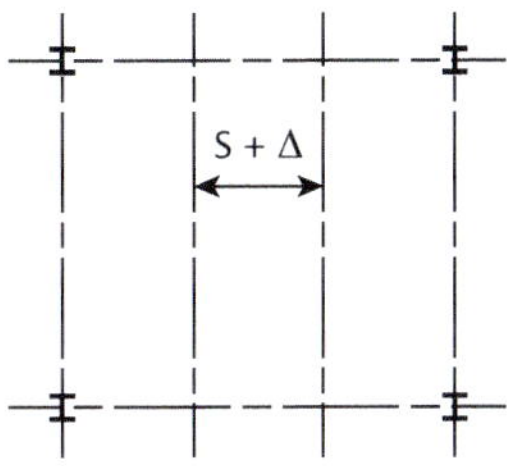	Écart Δ par rapport à la distance prévue entre des poutres voisines, mesuré à chaque extrémité	Δ = ± 5 mm
Position au droit d'un poteau 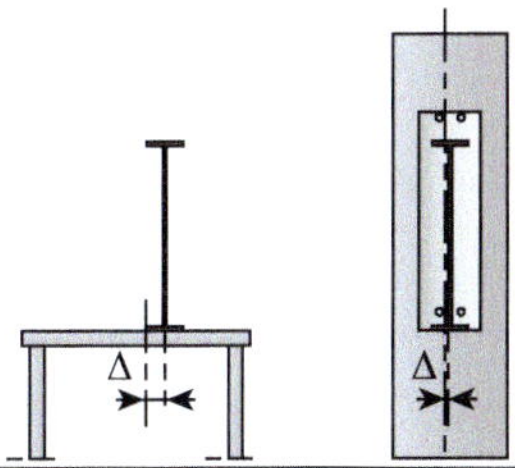	Écart Δ entre l'emplacement prévu d'un assemblage poutre-poteau, mesuré par rapport au poteau	Δ = ± 3 mm
Rectitude dans le plan 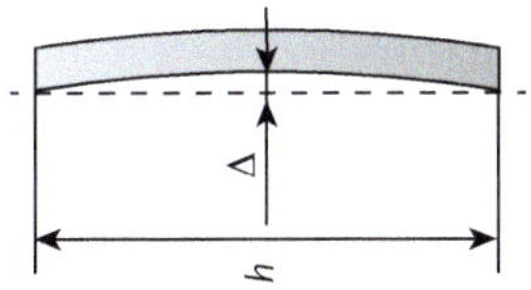	Écart Δ de rectitude d'une poutre ou d'une console de longueur L	Δ = ± L / 1 000

3.4 Fixations des éléments de toiture

Fixations des pannes de toiture

Fixations avec échantignoles

Les pannes sont attachées aux échantignoles par boulonnage.

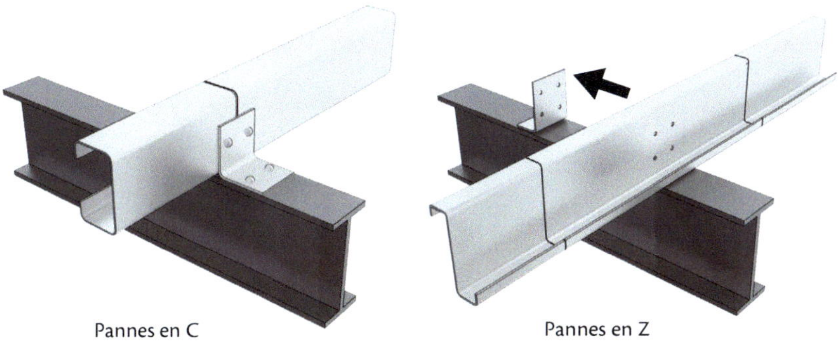

Figure 7 : Fixations des pannes avec échantignoles

Fixations avec éclisses

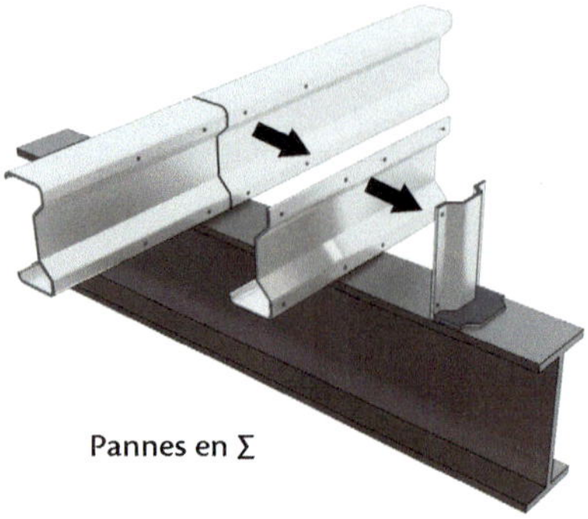

Figure 8 : Fixations des pannes avec éclisses

Fixations avec liernes

Le liernage des pannes de toiture a pour fonctions :

- d'assurer la rectitude des pannes avant mise en place de la couverture en phase de montage du bâtiment ;
- d'apporter aux pannes un maintien latéral en phase d'exploitation du bâtiment.

Pour remplir correctement ces fonctions, il faut créer dans le plan de chaque versant un élément structurel raide : les liernes seules ne suffisent pas (elles égalisent le déplacement latéral des pannes mais ne l'annulent pas), il faut leur associer des tirants ajustables qui permettent de constituer une poutre-treillis dans le versant. Les montants sont les liernes et les diagonales sont les tirants.

PRÉVENTION SÉCURITÉ/SANTÉ

L'intervention sur les éléments de toiture présente des risques de chute en hauteur. L'accès en hauteur doit s'effectuer grâce à des moyens sécurisés et adaptés (échafaudage, nacelle..) et la structure du toit doit être protégée par un filet de sous face.

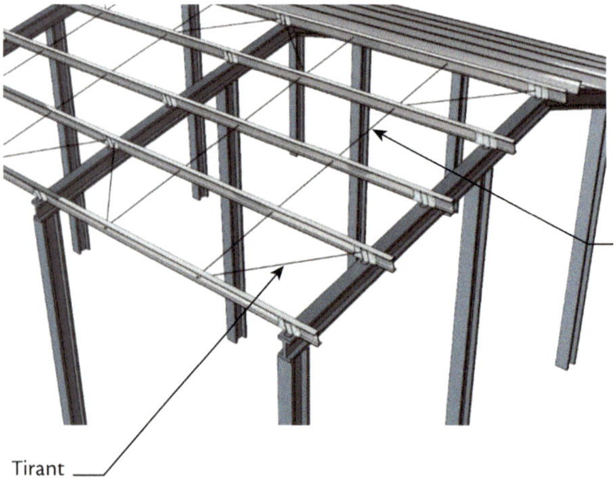

Figure 9 : Liernage des pannes

Tolérances

Dans le cas de couvertures en bacs métalliques, les tolérances applicables sont les suivantes (NF EN 1090-2) :

Tableau 6 : Tolérances pour les bacs métalliques

Critère	Paramètre	Écart autorisé Δ
Largeur hors tout des tôles profilées	Largeur hors tout b des tôles d'acier profilées mesurées sur une distance de 10 m	$\Delta \leq \pm 200$ mm

Les tolérances applicables pour les pannes de toiture sont les suivantes (NF EN 1090-2) :

Tableau 7 : Tolérances pour les pannes de toiture

Critère	Paramètre	Écart autorisé Δ
Écart de fixation (par rapport à la ligne de fixation prévue) 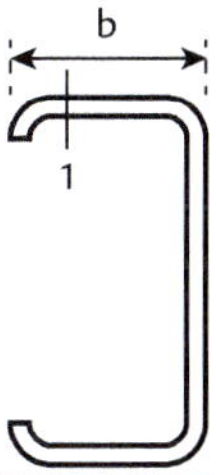	Largeur de l'aile de la panne : b	$\Delta = \pm b / 10$ $\lvert\Delta\rvert \geq 5$ mm
Rectitude d'une panne de soutien (dans le plan de toiture) 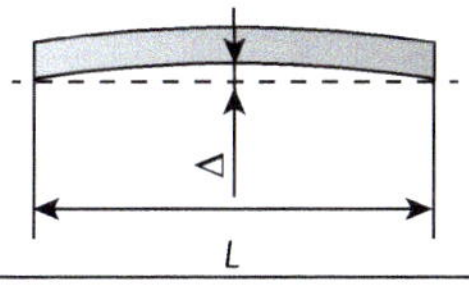	Portée de la panne : L	$\Delta = \pm L / 300$

CHAPITRE 7

Exigences supplémentaires sur les éléments formés à froid

1. Définitions

La publication de la nouvelle norme EN 1090-4 vient compléter les exigences d'exécution déjà présentes dans la norme EN 1090-2, plus spécifiquement pour les éléments minces formé à froid, relevant notamment de l'Eurocode 3-1-3.

Plusieurs classes de construction sont définies :

- classe de construction I : les éléments appartenant à cette classe sont ceux qui contribuent à la stabilité et la résistance globales d'une structure :
  - Exemple : les bacs et plaques nervurées ayant un rôle de « diaphragmes » ;
- classe de construction II : les éléments appartenant à cette classe sont ceux qui contribuent à la stabilité et la résistance individuelles d'éléments structurels :
  - Exemple : les bacs métalliques servant de maintien au déversement des pannes ou solives ;
- classe de construction III : les éléments appartenant à cette classe sont ceux qui ne contribuent ni à la stabilité générale, ni au maintien local des éléments de structure ;
  - Exemple : cloisons, éléments non contreventants de façade ou de couverture, coffrages perdus.

On précise également la distinction entre « couverture structurale » et « toiture structurale » en fonction de la nature de la protection étanchéité :

- couverture structurale : bacs métalliques ou plateaux dont l'étanchéité relève du NF DTU 40.35 (bacs formant étanchéité) ;
- toiture structurale : bacs métalliques dont l'étanchéité relève du NF DTU 43.3 (bacs complétés par un revêtement d'étanchéité).

2. Matériaux et épaisseurs minimales

Les matériaux sont indiqués dans la norme NF EN 1090-4 (en référence notamment à l'Eurocode 3-1-3 et à l'EN 10346).

Selon les recommandations de la CNC2M pour l'EN 1090-4, il faut :

- utiliser des produits ayant fait l'objet d'un suivi de fabrication de niveau EVCP 2+ ;
- utiliser des aciers de construction de nuance S320GD minimum (aciers DX non admis pour les classes I et II) ;
- pour les bacs et plateaux de la classe I et II, se référer aux tolérances « spéciales » de la norme NF EN 10143.

Les épaisseurs minimales des éléments structuraux de la NF EN 1090-4, complétées par les recommandations de la CNC2M, sont notamment celles résumées dans le tableau ci-après.

Tableau 1 : Épaisseurs minimales des éléments structuraux

Famille d'éléments	Éléments	Épaisseurs minimales (t_N)
Bacs et plateaux	Plateaux	0,75 mm
	Couverture	0,63 mm
	Toiture	0,75 mm
	Planchers	0,75 mm
	Costière de rive	1,50 mm
	Écarteurs en toiture	1,50 mm
	Raidisseurs de bords	1,50 mm
	Parois de murs ou bardage	Peau extérieure (verticale) 0,63 mm (verticale) ou 0,75 mm (horizontale)
		Simple peau ou peau intérieure : 0,63 mm (verticale) ou 0,75 mm (horizontale)
Profilés (éléments linéaires)	Pannes et lisses de bardage	1,50 mm (0,88 mm sous réserve de justifications)
	Solives et poutres	1,50 mm
	Poteau	0,88 mm
	Chéneau porteur	1,50 mm
	Éléments de maintien	1,50 mm

3. Exigences pour les bacs et plateaux structuraux

Les flèches des bacs structuraux doivent être limitées, selon les cas (voir tableau ci-après).

Tableau 2 : Exigences pour les bacs et plateaux structuraux

Famille d'éléments	Éléments	Critère de flèche
Couverture structurale	Couverture simple peau Couverture double peau (partie extérieure)	Classe I : Selon Eurocode 3-1-1 Classe II : $w_{tot} \leq L/180$ (combinaison sans vent) $w_{tot} \leq L/166$ (combinaison avec vent et charges permanentes)
	Couverture double peau (partie intérieure)	Classe I : Selon Eurocode 3-1-1 Classe II : $w_{tot} \leq L/180$ (poids propre et charge permanente, ou poids propre et charge montage) $w_{tot} \leq L/166$ (combinaison avec vent et charges permanentes)
Toiture structurale		Selon Eurocode 3-1-1
Bardages structuraux		Classe I : Selon Eurocode 3-1-1 Classe II : $w_{tot} \leq L/150$
Planchers	Planchers avec revêtements fragiles	Flèche dite « nuisible » limitée à L/500 si la portée est inférieure ou égale à 5,00 m
		5 mm + L/1 000 (L en mm) sinon
	Planchers sans revêtements fragiles	Flèche dite « nuisible » limitée à : L/350 pour les portées jusqu'à 3,50 m
		5 mm + L/700 (L en mm) sinon

Les largeurs d'appui minimales à respecter sont également précisées dans la norme NF EN 1090-4 et complétées dans les recommandations de la CNC2M. Elles varient de 40 à 120 mm en fonction du type d'élément à fixer, du type de pose et du matériau du support (acier, béton, ou bois).

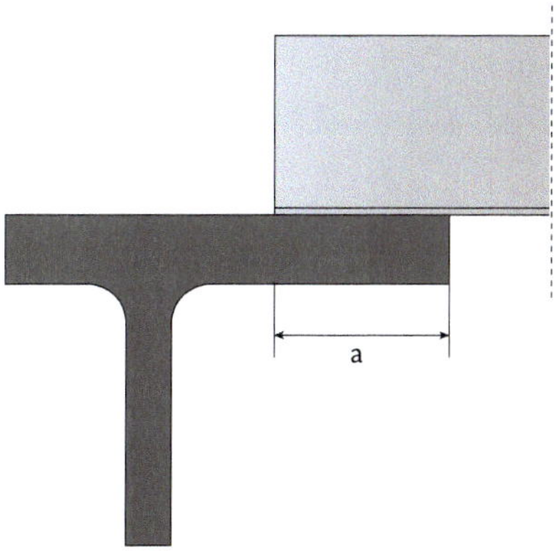

Figure 1 : Largeur de repos du bac

Tableau 3 : Largeurs d'appui minimales

Type d'éléments/ supports	Acier	Béton (ou maçonnerie)	Bois
Bardages	De 40 à 90 mm selon les cas	De 60 à 90 mm selon les cas	De 40 à 120 mm selon les cas
Couverture et toiture	40 mm	60 mm	60 mm
Planchers	60 mm	70 mm	70 mm

4. Tolérances

Les tolérances de fabrication et le montage des éléments formés à froid sont décrits dans l'annexe D de la norme NF EN 1090-4.

Concernant le positionnement des fixations, les recommandations de la CNC2M indiquent les tolérances supplémentaires reprises dans les figures ci-après.

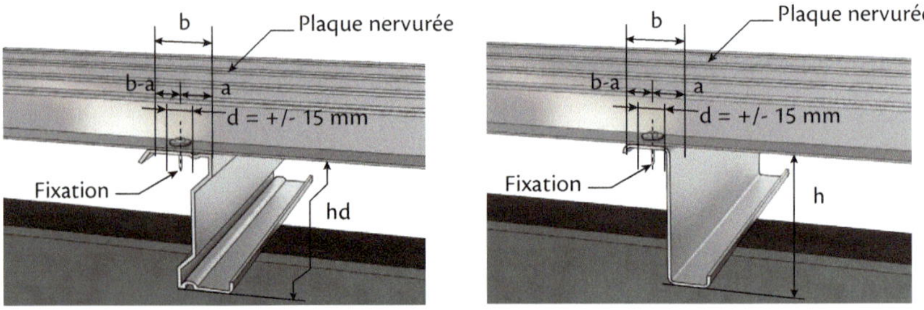

Figure 2 : Tolérances de positionnement des vis dans les talons des profilés porteurs

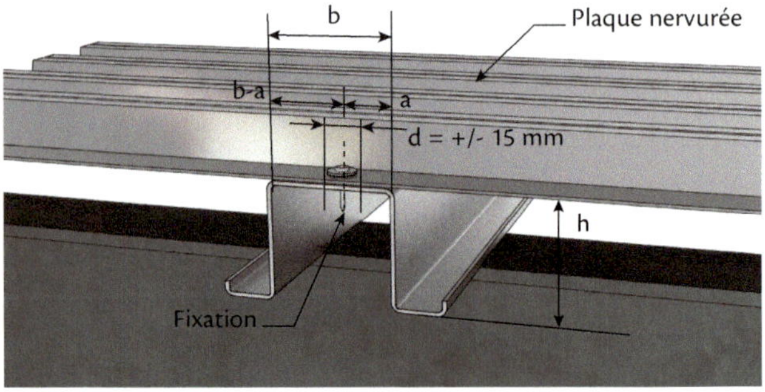

Figure 3 : Tolérances de positionnement des vis (profilés en omega)

5. Assemblages de continuité

Des règles sur les assemblages devant résister à un moment de flexion sont indiquées dans la norme EN 1090-4, complétées par les recommandations de la CNC2M, en précisant notamment la distance a = 0,10 L (L = portée) entre de 2 points de fixations.

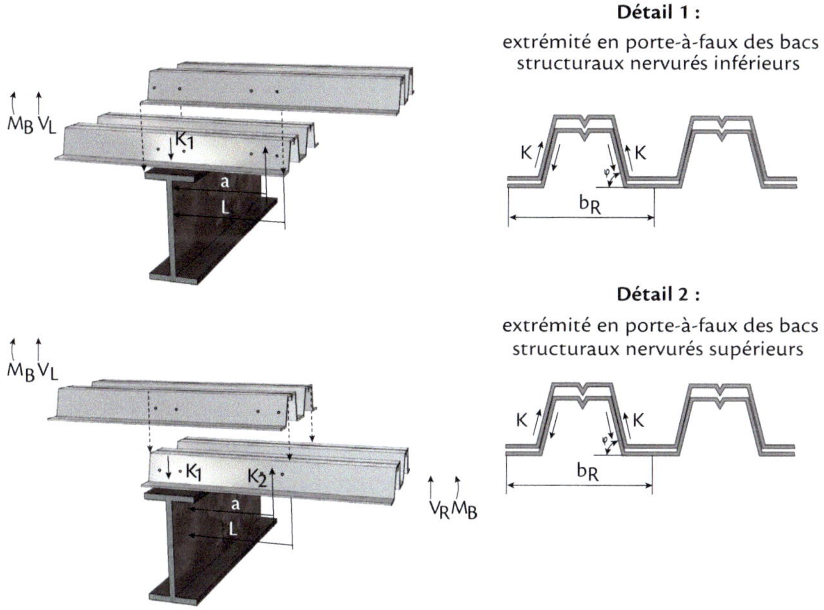

Figure 4 : Recouvrement statiquement efficace – détails et dimensionnement

Par ailleurs les porte-à-faux de bacs sont autorisés et limités à :

- Couvertures :
  - 0,10 L (et inférieur à 0,40 m) pour les profils,
  - 0,07 L (et inférieur à 0,50 m) pour les plateaux ;
- Toitures :
  - 0,10 L (et inférieur à 0,30 m) ;
- Bardages :
  - En pose horizontale : 0,10 L (et inférieur à 0,40 m) pour les plateaux,
  - En pose verticale : 0,10 L (et inférieur à 0,40 m) pour les plateaux,
  - Simple peau : 0,10 L (et inférieur à 0,40 m) ;
- Planchers : inférieur à 0,20 m.

CHAPITRE 8

Second œuvre

Les recommandations contenues dans ce chapitre sont issues du NF DTU 32.3 (mémento et fascicule de documentation).

Les éléments de second œuvre qui y sont décrits sont considérés comme des éléments non structuraux, c'est-à-dire ne participant pas à la stabilité générale de l'ouvrage. En particulier, les éléments de type parois verticales (panneaux de bardage, parois intérieures, etc.) ne doivent en aucun cas être conçus comme participant au contreventement de la structure.

OBSERVATION

Quels que soient le mode de liaison des éléments à l'ossature principale et leur degré de sollicitation, il convient de s'assurer de la compatibilité des déformations entre les éléments et leurs supports.
En situation sismique, se reporter au chapitre 3.9 de la NF P06-014 (PS-MI-89) et au chapitre 4.3.5 (éléments non structuraux) de l'EN 1998-1 lorsque ces textes sont applicables. Il appartient en général au fabricant de l'élément non structural d'indiquer les limitations et les conditions de pose et d'usage en situation sismique.

ATTENTION

Les éléments décrits dans le chapitre ci-après sont basés sur des exemples constructifs en France métropolitaine. Les applications pour les DROM-COM (Départements et régions d'Outre-mer – Collectivités d'Outre-mer) ne sont pas applicables telles qu'elles.

1. Menuiseries

NF DTU 32.3, Mémento

Pour les menuiseries, l'entrepreneur doit respecter les spécifications de la NF DTU 36.5.

Pour les menuiseries non traitées par la NF DTU 36.5, l'entrepreneur doit respecter les Avis Techniques ou les documents technique d'application les concernant.

Quel que soit leur type, les tableaux, les appuis de baies et les seuils des portes et des portes-fenêtres doivent être dimensionnés et conçus afin que les eaux de ruissellement ne puissent s'introduire dans la paroi et qu'elles soient rejetées devant le revêtement extérieur.

Les appuis peuvent être en bois, en métal, en béton, en fibre-ciment ou en tout autre matériau offrant une durabilité similaire. Ils peuvent être préfabriqués.

La partie supérieure de ces pièces susceptible d'être exposée à l'eau doit avoir une pente :

- supérieure ou égale à 10 % pour les matériaux non hygroscopiques (métal, PVC, verre, maçonnerie, etc.) ;
- supérieure ou égale à 20 % pour le bois.

Le calfeutrement doit être continu à la périphérie de la baie et conforme aux prescriptions de la NF DTU 36.5. Ce calfeutrement, destiné à assurer l'étanchéité à l'eau et à l'air de la liaison baie-menuiserie, ne doit pas être confondu avec celui qui assure l'étanchéité à l'eau de la liaison menuiserie-revêtement extérieur lorsqu'il est nécessaire.

OBSERVATION

Le revêtement extérieur doit être raccordé à la menuiserie.
Se reporter aux dispositions prévues par le référentiel de mise en œuvre du revêtement.

2. Équipements techniques

NF DTU 32.3, Mémento

Tableau 1 : Exigences pour les équipements techniques

Type d'ouvrage	Recommandation (NF DTU 32.3, Mémento)	Référentiels applicables
Plomberie	• Les raccordements doivent rester accessibles : pas de raccordements d'eau sous pression incorporés dans les murs, dans les planchers ou dans les parois Les canalisations d'eau froide doivent être soit gainées, soit thermiquement isolées • À l'occasion du passage d'une canalisation d'eau (chaude ou froide) dans une entaille ou un percement, il ne doit pas y avoir de contact direct entre l'ossature métallique et la canalisation • Les canalisations d'eau chaude ou froide ne doivent pas être intégrées dans les murs extérieurs	NF DTU 60.1
Fumisterie Atrerie	• Pas de raccordements de conduits au droit des planchers • Les conduits maçonnés, avec ou sans tubage, ne peuvent être envisagés dans la construction à structure métallique que s'ils peuvent assurer seuls leur stabilité. Dans le cas contraire, ils doivent être adossés à des éléments porteurs construits en matériaux incombustibles d'une stabilité et d'une tenue au feu justifiées pour cet usage	NF DTU 24.1 NF DTU 24.2 Avis Techniques

3. Ouvrages d'isolation

Les ouvrages d'isolation peuvent être :

- des produits d'isolation thermique et/ou acoustique ;
- des films pare-vapeurs.

3.1 Isolants thermiques

NF DTU 32.3, Mémento

Tableau 2 : Exigences pour isolants thermiques

Type de liaison	Recommandations (NF DTU 32.3, Mémento)
Entre montants de mur	• Les isolants doivent être serrés mais non comprimés. Dans tous les cas, un isolant vertical doit être supporté en partie basse • À l'intérieur d'un cadre, les matériaux isolants doivent être de largeur et d'épaisseur identiques • L'isolation verticale doit concerner toute partie du bâtiment en contact avec l'extérieur ou un local non chauffé

Exemples de solution

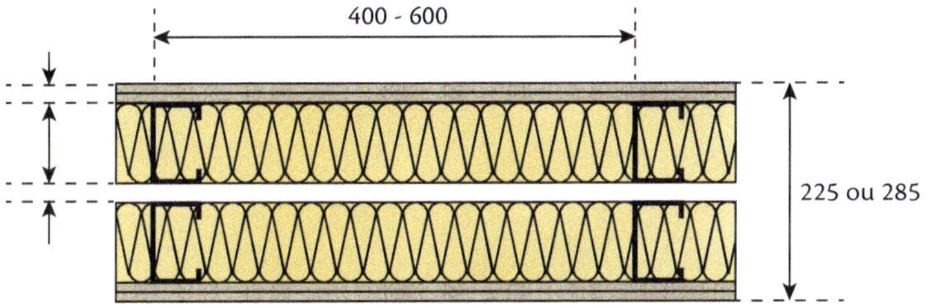

Cloison double - Isolation placée entre les montants C

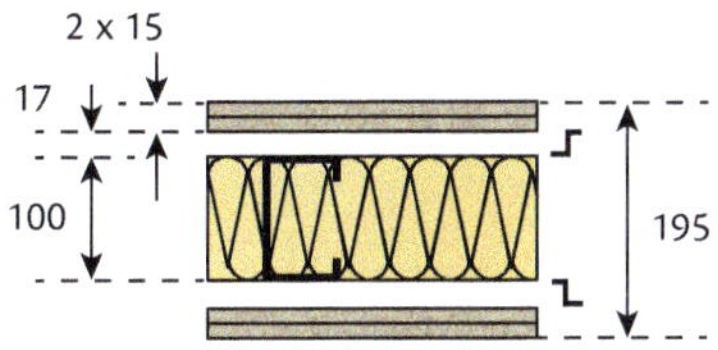

Cloison simple - Élément résilient utilisé pour fixer les panneaux de plâtre

Entre solives de plancher ou supports de plafond	Les isolants doivent être serrés mais non comprimés : une surcote de 5 mm du panneau de laine minérale par rapport à l'entraxe des solives peut répondre à cette exigence

Exemple de solution

En doublage intérieur de paroi verticale	• L'isolant est maintenu entre des écarteurs horizontaux ou verticaux, en métal ou en bois, sur lequel sera fixé ultérieurement le parement intérieur (plaque de plâtre, lambris, etc.). Il doit être posé dans le respect du référentiel de l'isolant • Lorsqu'ils sont en bois, les écarteurs doivent correspondre à la classe d'emploi 1 selon la NF EN 335

Tableau 2 (suite) : Exigences pour isolants thermiques

Type de liaison	Recommandations (NF DTU 32.3, Mémento)
	Exemple de solution 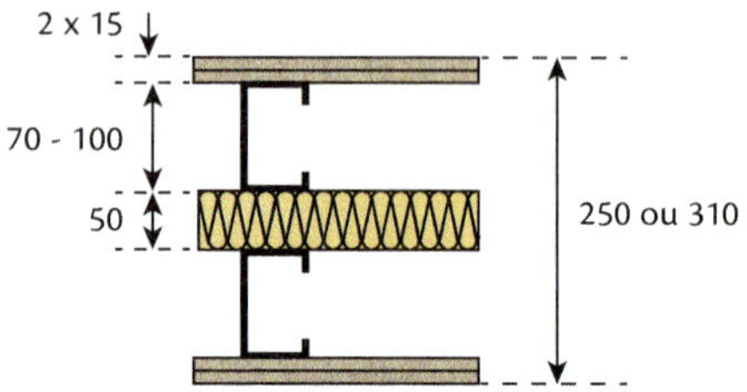 Cloison double - Isolation placée entre les demi-cloisons
En doublage extérieur de paroi verticale	• L'isolant est disposé en couche continue devant la paroi : Les panneaux isolants sont de préférence posés à coupe de pierre et fixés dans les montants par des pointes ou des vis munies de plaques de répartition, ou par tout autre système offrant une garantie de tenue similaire • Pas de discontinuité d'isolants • Les fixations de l'ossature secondaire support du parement extérieur doivent être réalisées au droit des ossatures et être dimensionnées pour supporter le poids du parement et du doublage isolant
	Exemple de solution 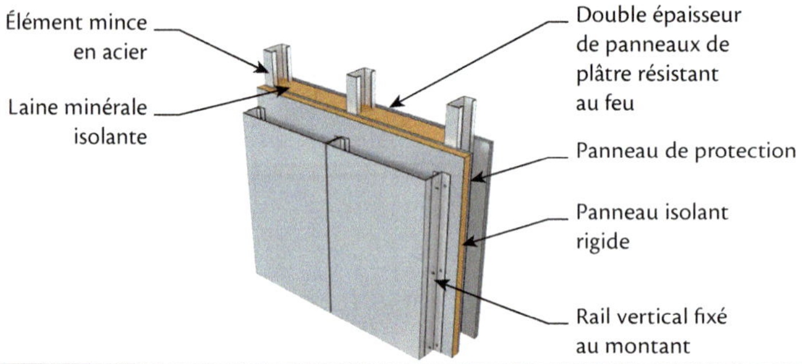

3.2 Pare-vapeur

Tableau 3 : Nécessité d'un pare-vapeur

Type de paroi	Nécessité d'un pare-vapeur
Plancher sur local chauffé	Selon DPM
Parois verticales ou rampantes	Oui
Plafond sous comble perdu	Oui
Paroi entre 2 locaux	Un pare-vapeur n'est pas nécessaire entre deux logements chauffés en permanence. Il est indispensable entre un local chauffé en permanence et un local non chauffé ou chauffé par intermittence

La continuité du film pare-vapeur peut être obtenue par un recouvrement de 0,05 m au minimum réalisé par collage ou par pontage avec un ruban adhésif.

La continuité du film pare-vapeur doit être aussi assurée en périphérie, dans les angles et aux raccordements aux baies.

Les matériaux (le papier, par exemple) enduits de bitume ou non, et dont sont équipés certains isolants fibreux, ne permettent pas d'assurer la fonction pare-vapeur.

La fixation du film pare-vapeur se fait par pincement et agrafage, vissage ou clouage sur la structure.

Tableau 4 : Exigences pour pare-vapeur

Partie d'ouvrage	Recommandations (NF DTU 32.3, Mémento)
Plancher sur un local non chauffé	La pose du pare-vapeur dépend de la fonction du plancher : • si le plancher est le support direct du revêtement de sol : la pose se fait sur les solives et l'isolant avant la mise en place du plancher porteur • si le plancher est destiné à recevoir un plancher flottant : la pose se fait sur le plancher porteur
Parois verticales ou rampantes avec doublage intérieur	Le pare-vapeur peut être placé soit entre le doublage et le revêtement intérieur, soit entre la paroi isolée et le doublage • En région de plaine, la résistance thermique de l'isolant de doublage soit être inférieure ou égale de moitié à celle de l'isolant du mur (règle des 2/3-1/3) • En région froide ou d'altitude ≥ 600 m, la résistance thermique de l'isolant de doublage est inférieure ou égale au tiers de celle de l'isolant du mur (règle des 3/4-1/4)

4. Revêtements intérieurs

Ces ouvrages sont destinés à assurer une ou plusieurs des fonctions suivantes :

- aspect ;
- délimitation d'un volume ;
- complément d'isolation thermique ou acoustique ;
- protection aux chocs ;
- protection des structures en cas d'incendie.

Les supports peuvent être :

- discontinus et constituer les éléments d'ossature du mur ;
- continus et constituer des parements rigides fixés sur l'ossature du côté du revêtement intérieur. Par exemple :
  - panneau de contreplaqué d'épaisseur ≥ 7 mm,
  - panneau de particules d'épaisseur ≥ 10 mm,
  - panneau OSB 2 d'épaisseur ≥ 10 mm,
  - panneau OSB 3 d'épaisseur ≥ 9 mm,
  - panneau OSB 4 d'épaisseur ≥ 8 mm,
  - panneau LVL d'épaisseur ≥ 15 mm.

Tableau 5 : Exigences pour les revêtements intérieurs

<table>
<tr><th>Type de revêtement intérieur</th><th colspan="3">Recommandations (NF DTU 32.3, Mémento)</th><th>Référentiel applicable</th></tr>
<tr><td>Plaques de plâtre</td><td colspan="3">Voir solutions tableau 7, § 6 de ce chapitre</td><td>NF DTU 25.41
NF EN 520+A1</td></tr>
<tr><td rowspan="6">Complexes de doublage fixés directement sur paroi</td><td colspan="3">La largeur des supports métalliques dans lesquels seront fixés directement les complexes de doublage doit avoir les valeurs minimales suivantes :
• 35 mm en partie courante des éléments
• 50 mm au droit du joint entre deux éléments s'il est prévu une fixation
Les fixations de l'ossature secondaire du doublage sur la structure doivent respecter :</td><td rowspan="6">NF DTU 25.42</td></tr>
<tr><td>Nature de l'isolant</td><td>Épaisseur (e en mm)</td><td>Type de vis</td></tr>
<tr><td rowspan="2">Isolant en plastique alvéolaire</td><td>e ≤ 50</td><td>Tête normale (ø 8 mm)</td></tr>
<tr><td>e ≤ 80</td><td>Tête large (ø 12 mm)</td></tr>
<tr><td>Isolant en laine minérale</td><td>30 ≤ e ≤ 80</td><td>Tête normale (ø 8 mm) avec ronde ou tête large (ø 12 mm)</td></tr>
<tr><td colspan="3">Complexes dont l'épaisseur d'isolant est supérieure à 80 mm non visés par le NF DTU 32.3</td></tr>
<tr><td>Revêtements intérieurs en bois et panneaux</td><td colspan="3">Les tasseaux peuvent être en bois ou en métal
Les tasseaux en bois et les revêtements en bois massif doivent être conformes à la classe d'exigence 1 de la NF EN 335
Les revêtements en panneaux à base de bois doivent être conformes à la partie 1-2 (CGM) de la NF DTU 31.2</td><td>DTU 36.2
NF DTU 31.2
NF EN 335</td></tr>
</table>

5. Éléments d'enveloppe

5.1 Généralités

Les ouvrages de façade sont destinés à assurer, de manière conjointe, les fonctions suivantes :

- protection aux intempéries (étanchéité à l'eau et à l'air) ;
- résistance aux chocs ;
- aspect.

Avec les systèmes de murs à ossature métallique, plusieurs types de revêtements extérieurs peuvent être utilisés :

- les revêtements lourds autoportants (reposant sur le sol ou sur les planchers), comme les murs de doublage en maçonnerie ;
- les revêtements légers portés par l'ossature du mur à ossature métallique, tels que :
  - bardages bois (lames de bois massif, revêtement en bardeaux, panneaux dérivés du bois, etc.),
  - bardages métalliques,
  - ardoises naturelles, en fibrociment,
  - feuilles de zinc, feuilles d'acier inoxydable.

> **OBSERVATION**
>
> Pour ce qui concerne les bardages rapportés, l'admissibilité de la pose sur maison à ossature métallique est précisée dans le texte de mise en œuvre, NF DTU, règles professionnelles, Avis Technique ou Document Technique d'Application dont ils relèvent.

La protection de ces revêtements extérieurs peut être réalisée :

- en tête : par la toiture ou le système d'étanchéité ;
- en cas de raccordement de deux revêtements ou recoupement d'un même revêtement :
  - par un solin,
  - par un prolongement du revêtement supérieur sur une hauteur de 3 cm par rapport au revêtement intérieur ;
- en partie basse, pour protéger la liaison revêtement-rail bas :
  - par un prolongement du revêtement extérieur sur une hauteur de 3 cm par rapport au revêtement intérieur,
  - pour les jouées de lucarne : par une rive métallique passant derrière le revêtement et assurant le rejet des eaux de ruissellement sur la couverture,
  - dans le cadre de revêtements extérieurs avec lame d'air, un dispositif sera mis en œuvre de façon à empêcher la circulation des rongeurs au dos du parement sans empêcher la circulation de l'air.

Les supports de ces revêtements peuvent être :

- discontinus et constituer les éléments d'ossature du mur, des jouées de lucarne, des pointes de pignon qui ne comportent pas de parement rigide du côté extérieur ;
- continus et constituer des parements rigides fixés sur l'ossature.

5.2 Mur de doublage en maçonnerie

NF DTU 20.1

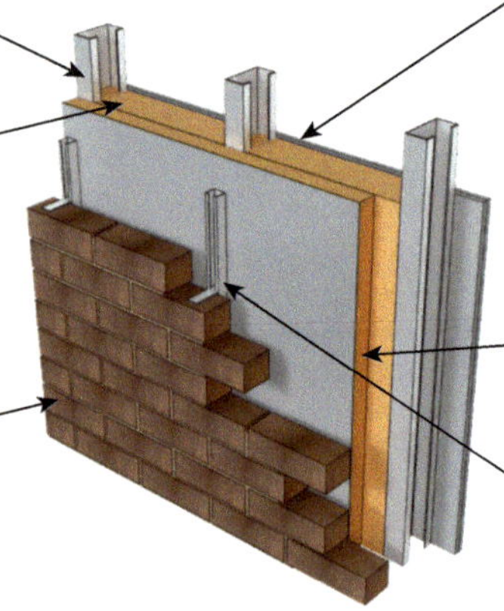

Figure 1 : Mur de doublage en maçonnerie

Les exigences de la NF DTU 20.1 s'appliquent en général.

Recommandations (Mémento NF DTU 32.3, NF DTU 31.2) :

- pare-pluie : nécessités données dans ce chapitre, § 5.3.
- pied de mur : les dispositions doivent respecter les schémas a et b de la figure 2.

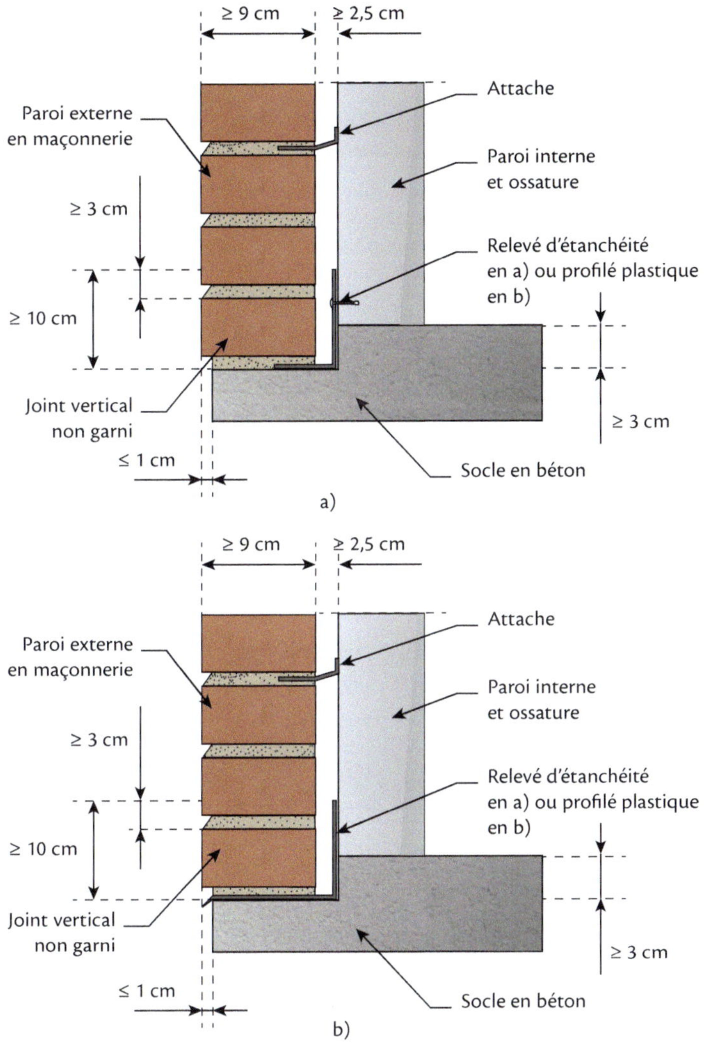

Figure 2 : Disposition en pied de mur de doublage en maçonnerie

- ventilation de la lame d'air :
  - la lame d'air doit avoir une épaisseur supérieure ou égale à 25 mm ;
  - les orifices d'entrée et de sortie de la lame d'air doivent avoir, par dérogation au NF TU 20.1, une surface d'au moins 50 cm^2 par mètre linéaire de façade ;
  - dans le cas d'une surface de ventilation inférieure, la lame d'air n'est plus suffisamment ventilée et le pare-vapeur disposé sur le côté intérieur du mur à ossature acier doit être choisi avec une valeur Sd supérieure ou égale à 90 m.

5.3 Pare-pluie

Lorsque le pare-pluie est obligatoire ou prescrit par les documents particuliers du marché, il est posé avec des recouvrements :

- horizontaux de 5 cm au minimum ;
- verticaux de 10 cm au minimum.

La fixation provisoire du pare-pluie sur la paroi doit être réalisée par des vis ou des agrafes, le pare-pluie étant rapidement maintenu ensuite par des tasseaux eux-mêmes fixés dans les montants de l'ossature.

Les dispositifs de fractionnement du revêtement extérieur (solins métalliques, par exemple) doivent être mis en place avant la pose du pare-pluie.

Les principes de mise en œuvre du pare-pluie sont les suivants :

- organisation générale de la mise en œuvre afin de canaliser l'eau ;
- recouvrement à sec des lés longitudinaux en partie courante ;
- réalisation des abouts de lés :
  - soit sous un tasseau,
  - soit par collage ;
- traitement des angles d'ébrasement des menuiseries extérieures par retour de pare-pluie ou par bandes rapportées.

La fixation définitive du pare-pluie est obtenue par la mise en œuvre des tasseaux.

Tableau 6 : Obligation de pare-pluie selon le type de revêtement extérieur

Type de revêtement extérieur [1]		**Obligation d'un pare-pluie**	**Paragraphe (§) concerné ou NF DTU**
Murs de doublage en maçonnerie avec lame d'air	Cas des murs à support continu	Oui	§ 11.2
	Cas des murs à support discontinu	Oui	
Bardage rapporté en lames de bois		Oui	NF DTU 41.2
Bardage en panneaux de contreplaqué avec finitions	Pose à joints creux verticaux	Oui	NF DTU 41.2
	Pose à joints verticaux garnis ou revêtus d'un couvre-joint	Facultatif, selon DPM	
Bardage rapporté en bardeaux de bois		Oui	NF DTU 41.2
Bardage rapporté en bardeaux bitumés		Facultatif, selon DPM	NF DTU 40.14
Bardage rapporté en ardoises naturelles		Oui	NF DTU 40.11
Bardage rapporté en ardoises en fibrociment		Facultatif, selon DPM	NF DTU 40.13
Bardage rapporté en feuilles de zinc supportées		Facultatif, selon DPM	NF DTU 40.41

1. En ce qui concerne les bardages rapportés, l'admissibilité de la pose sur maison à ossature métallique est précisée dans le texte de mise en œuvre, la NF DTU, les règles professionnelles, les Avis Techniques ou les Documents techniques d'application dont ils relèvent.
2. Dans la mesure où l'Avis Technique, ou le Document technique d'application, vise favorablement la pose sur maison à ossature métallique.

Tableau 6 (suite) : Obligation de pare-pluie selon le type de revêtement extérieur

Type de revêtement extérieur (1)	Obligation d'un pare-pluie	Paragraphe (§) concerné ou NF DTU
Bardage rapporté en feuilles d'acier inoxydable supportées	Facultatif, selon DPM	NF DTU 40.44
Bardage rapporté en plaques métalliques à nervures verticales	Facultatif, selon DPM	NF DTU 40.35 et Recommandations professionnelles RAGE « Bardages en acier protégé et en acier inoxydable - Conception et mise en œuvre - Neuf /rénovation », juillet 2014
Bardage rapporté selon d'autres techniques que celles détaillées ci-dessus	Selon les prescriptions de l'Avis Technique ou du Document technique d'application du procédé de bardage rapporté (2)	

1. En ce qui concerne les bardages rapportés, l'admissibilité de la pose sur maison à ossature métallique est précisée dans le texte de mise en œuvre, la NF DTU, les règles professionnelles, les Avis Techniques ou les Documents techniques d'application dont ils relèvent.
2. Dans la mesure où l'Avis Technique, ou le Document technique d'application, vise favorablement la pose sur maison à ossature métallique.

6. Synthèse des solutions courantes pour réaliser l'étanchéité à l'air

Tableau 7 : Synthèse des solutions courantes pour réaliser l'étanchéité à l'air

Type de liaison	Recommandations (NF DTU 32.3, Mémento)
Soubassement/ rail bas	Prolonger le revêtement extérieur protégeant la jonction maçonnerie/ rails bas sur une hauteur de 0,03 m et assurant le rejet des eaux de ruissellement au-delà de cette jonction. En cas d'impossibilité, prévoir un solin métallique

Exemple de solution

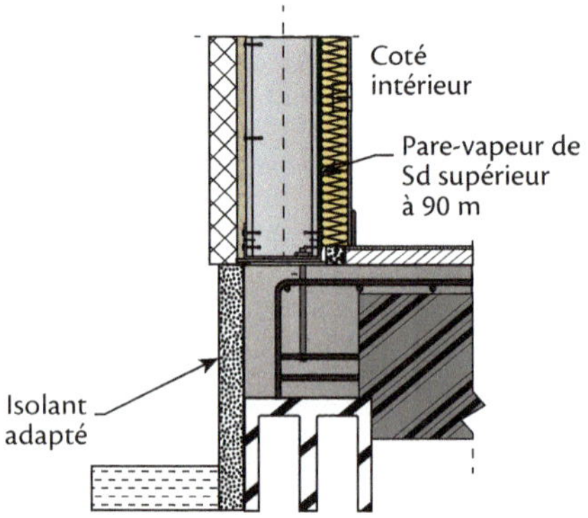

Type de liaison	Recommandations (NF DTU 32.3, Mémento)
Plancher intermédiaire/ paroi verticale	• Assurer la continuité du pare-pluie (s'il est prévu) avec respect des règles de recouvrement (voir § 5.3 de ce chapitre) • Assurer la continuité du pare-vapeur avec respect des règles de recouvrement suivant le § 3.2 de ce chapitre + liaison par bande de pontage adhésive ou mastic colle

Exemple de solution

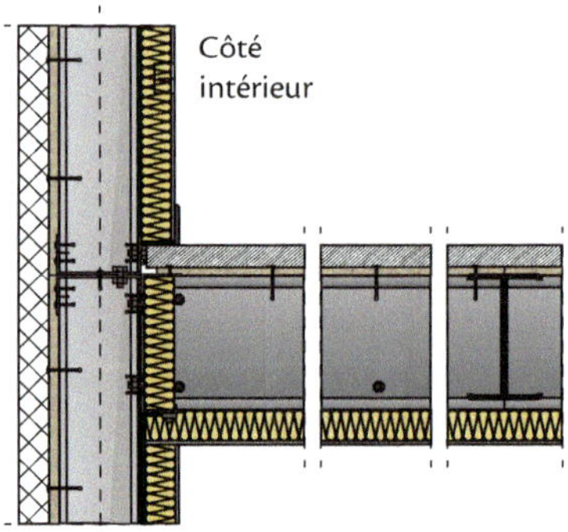

Type de liaison	Recommandations (NF DTU 32.3, Mémento)
Menuiseries/gros œuvre	• Rabattre le pare-pluie (s'il est prévu) et assurer l'étanchéité selon le NF DTU 36.5 • Rabattre le pare-vapeur sur le chevêtre + liaison par bande de pontage adhésive ou mastic colle • Mousse imprégnée répondant aux spécifications de la classe 1 de la NF P85-571 ou joint mastic colle + joint mousse imprégnée entre dormant et chevêtre

Tableau 7 (suite) : Synthèse des solutions courantes pour réaliser l'étanchéité à l'air

Type de liaison	Recommandations (NF DTU 32.3, Mémento)
Mur/toiture	• Rabattre le pare-pluie (s'il est prévu) + liaison par bande de pontage adhésive ou mastic colle • Assurer la continuité du pare-vapeur avec respect des règles de recouvrement suivant le § 3.2 de ce chapitre + liaison par bande de pontage adhésive ou mastic colle

Exemple de solution

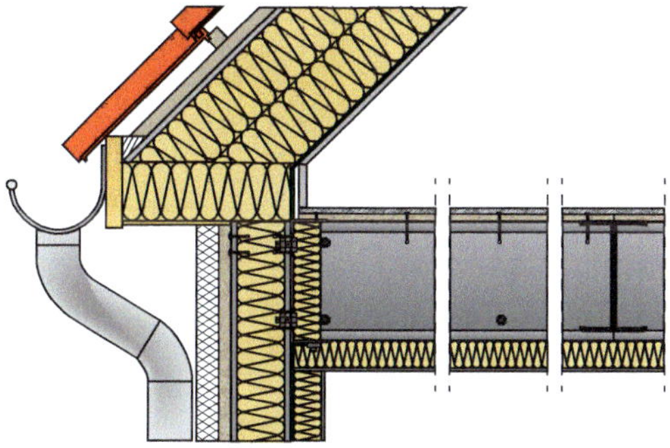

Type de liaison	Recommandations (NF DTU 32.3, Mémento)
Mur extérieur en angle	• Sur longueur à prévoir du pare-pluie (s'il est prévu) + liaison par bande de pontage adhésive ou mastic colle • Assurer la continuité du pare-vapeur avec respect des règles de recouvrement suivant le § 3.2 de ce chapitre + liaison par bande de pontage adhésive ou mastic colle
Éléments murs extérieurs adjacents	• Sur longueur à prévoir du pare-pluie (s'il est prévu) + liaison par bande de pontage adhésive ou mastic colle • Assurer la continuité du pare-vapeur avec respect des règles de recouvrement suivant le § 3.2 de ce chapitre + liaison par bande de pontage adhésive ou mastic colle
Gaines, conduits, coffres de volets roulants	• Coffres selon la NF P20-302 ou performances équivalentes • Liaisons coffre/menuiserie et coffre/ossature bois/pare-vapeur avec fond de joint et mastic colle + bande de pontage adhésive selon le NF DTU 36.5

Exemple de solution

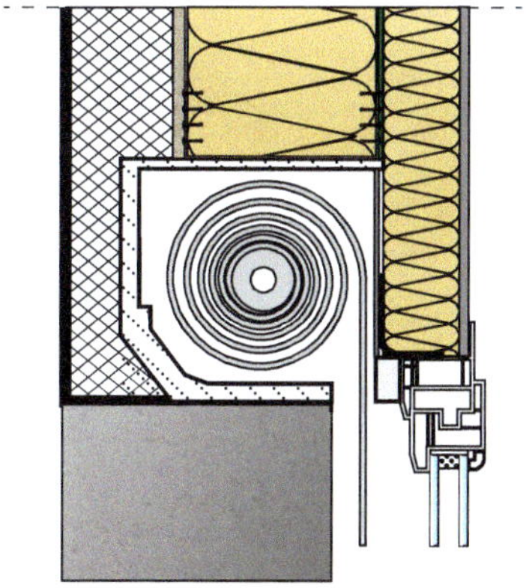

Type de liaison	Recommandations (NF DTU 32.3, Mémento)
Trappe d'accès aux combles	• L'étanchéité entre la trappe et le bâti est assurée sur ses quatre côtés par un joint souple mis en compression par un organe de fixation (loqueteau, par exemple) • Rabattre le pare-vapeur sur le chevêtre + liaison par bande de pontage adhésive ou mastic colle

Tableau 7 (suite) : Synthèse des solutions courantes pour réaliser l'étanchéité à l'air

Type de liaison	Recommandations (NF DTU 32.3, Mémento)
Présence de boîtiers électriques et autres équipements	• Les éventuelles entailles ou les percements nécessaires dans les éléments de structure devront faire l'objet d'une définition anticipée à la conception • Prévoir si besoin des fourreaux raccordés au pare-vapeur et au pare-pluie
Plafond en partie courante (plafond sous toiture)	• Assurer la continuité du pare-vapeur avec respect des règles de recouvrement suivant le § 3.2 de ce chapitre + liaison par bande de pontage adhésive ou mastic colle • Pour les plafonds plâtre : vérifier la conformité des joints selon la NF DTU 25.41
Étanchéité ouvrant/dormant des menuiseries	Produit conforme à la NF EN 14351-1+A2 Mise en œuvre selon le NF DTU 36.5 Choix de la menuiserie selon le FD DTU 36.5 P3
Trappe d'accès aux gaines, compteurs	Les éventuelles entailles ou les percements nécessaires dans les éléments de structure devront faire l'objet d'une définition anticipée à la conception Prévoir si besoin des fourreaux raccordés au pare-vapeur et au pare-pluie
Portes vers les locaux non chauffés (cellier, garage, cave)	Mêmes dispositions que pour les portes extérieures

CHAPITRE 9

Durabilité, protection de l'acier

NF DTU 32.3

La protection des parties en acier impacte directement la durée de vie de l'ouvrage. Le degré de protection souhaitée exige ainsi une évaluation précise des conditions d'exposition à la corrosion atmosphérique, chimique ou du contact continu avec l'eau ou le sol.

Sauf indication spécifique prévue dans les documents du marché, les éléments de structure doivent être protégés par au moins l'une des solutions données dans le tableau 1.

Tableau 1 : Référentiels applicables par type de protection

Type de protection envisagée	Classe de corrosivité selon
Systèmes de peinture	NF EN ISO 12944-2
Galvanisation	NF EN ISO 14713-1
Acier inoxydable	Fiches produit fabricant

Du fait des risques d'exposition pendant la phase chantier, les structures intégrées dans le volume intérieur des constructions doivent être considérées en classe de corrosivité C2 au minimum.

Dans le cas où un système de protection anticorrosion serait spécifié par les documents du marché, ce système devra être déterminé selon la classe de corrosivité définie suivant les référentiels du tableau 1.

OBSERVATION

Pour les ossatures inaccessibles et suivant le type d'acier (au carbone ou inoxydable), les épaisseurs nominales minimales d'acier (1,5 mm) prémunissent normalement contre des pertes d'épaisseur préjudiciables pendant la durée de vie du bâtiment.
Dans certains sites exposés aux embruns et à l'air marin, il est recommandé de prévoir une protection renforcée parmi celles décrites ci-avant.

Les structures intérieures des constructions résidentielles sont situées en ambiance intérieure sèche de catégorie de corrosivité C1 et seuls les pieds des poteaux de façade peuvent être soumis à une condensation occasionnelle et relever de la catégorie de corrosivité C2 au sens de la NF EN ISO 9223.

Les vitesses de corrosion des structures métalliques selon les catégories de corrosivité, présentées dans le tableau C.1, sont définies et quantifiées selon la NF EN ISO 12944-2 pour l'acier, la NF EN ISO 14713-1 pour la galvanisation et les essais au brouillard salin C5 pour l'acier inoxydable.

Tableau 2 : Perte d'épaisseur prévisible par type de protection

Catégorie de corrosivité		Risque de corrosion	Vitesse de corrosion = perte d'épaisseur en µm/an		
			Acier brut	**Galvanisation**	**Acier inoxydable 1.4003 (1)**
C1	Intérieur	Très faible	0,0 à 1,3	0,0 à 0,1	0,0 à 0,1
C2	Intérieur : condensation occasionnelle Extérieur : exposition rurale à l'intérieur des terres	Faible	1,3 à 25	1,1 à 0,7	0,1 à 0,3
C3	Intérieur : humidité élevée, air légèrement pollué Extérieur : environnement industriel et urbain à l'intérieur des terres ou côtier doux	Moyen	25 à 50	0,7 à 2,0	0,3 à 0,7
C4	Intérieur : piscines, usines chimiques, etc. Extérieur : environnement industriel à l'intérieur des terres ou urbain côtier	Élevé	50 à 80	2,0 à 4,0	0,7 à 1,3
C5 C5I C5M	Extérieur : environnement industriel très humide ou côtier, très salin côtier	Très élevé	80 à 200	4,0 à 8,0	1,3 à 3,0
CX	Corrosion extrême : zone tropicale, par exemple	Extrême	200 à > 1 000	8,0 à 25	Non connue

1. Valeurs reconstituées d'après la perte de masse constatée sur deux ans en ambiance C5 avec un acier inoxydable de type 1.4003.

Nota : les conditions d'exposition présentées dans les colonnes et lignes en couleur sont hors du domaine d'application du présent NF DTU. Les valeurs correspondantes sont rappelées pour information.

OBSERVATION

Les valeurs de calcul de résistance des poteaux sont établies avec une épaisseur d'acier minimale de 1,46 mm, et le NF DTU 32.3 n'autorise que des épaisseurs nominales minimales de 1,50 mm.

Les pertes d'épaisseur admissibles Tg pendant la durée de vie de l'ouvrage, peuvent être estimées à 0,1 mm en partie courante et à 0,3 mm en pied de poteau du fait d'efforts moindres (moments de flexion nuls).

Suivant les conditions d'exposition, les durées de vie minimales attendues pour les éléments dimensionnés « à la limite »[1] peuvent être estimées à :

Tableau 3 : Estimation de la durée de vie minimale selon le type de protection

Durée de vie estimée		
	Catégorie de corrosivité	
	C1 et C2	C2 et C3
Acier galvanisé Z275 (épaisseur 40 m)	En pied : ≥ 70 ans En partie courante : ≥ 400 ans	En pied : ≥ 25 ans [1] En partie courante : ≥ 60 ans
Acier inox 1.4003	En pied : ≥ 1 000 ans En partie courante : ≥ 1 000 ans	En pied: ≥ 400 ans En partie courante : ≥ 300 ans

1. Dans ce cas, la protection envisagée n'est pas suffisante ; il convient d'utiliser une protection complémentaire adaptée.

1. Les éléments moins sollicités (ou surdimensionnés) ont des durées de vie très nettement supérieures.

Glossaire

Chaînage

Système de ceinturage incorporé à la construction de l'ensemble des murs d'un bâtiment pour éviter leur écartement relatif. Le chaînage peut être constitué d'armatures disposées au croisement des planchers et des murs pour assurer leur solidarisation.

Chevron

Élément de toiture fixé sur les pannes dans le sens de la pente et qui supporte le lattis ou le volige de couverture.

Contreplaqué

Panneau à base de bois obtenu par collage de couches adjacentes à fils croisés habituellement à angle droit (définition NF EN 313-1).

Diaphragme

Surface horizontale suffisamment rigide pour répartir de façon homogène les efforts horizontaux aux éléments verticaux de contreventements (murs, palées).

Échantignole

Équerre liaisonnant les pannes de toiture à l'ossature principale.

Éclisse

Élément assurant la liaison, l'alignement et la transmission de certains efforts entre deux pannes de toiture.

Éléments laminés à chaud

Par opposition aux profils formés à froid, produits laminés usuels en acier : poutrelles en I ou en H, profilés en U, barres, cornières, fers en T, etc.).

Éléments minces formés à froid

Éléments de construction formés par différents procédés tels que profilage, pliage, cintrage, et qui présentent, sous l'effet de la compression ou de la torsion, des instabilités de forme. On distingue les produits « larges » (bacs ou plaques nervurés, plateaux) des produits « longs » (pannes, lisses, poutres, solives).

Lierne

Élément perpendiculaire aux pannes permettant leur maintien latéral.

Mur

Élément vertical qui assure une fonction porteuse, ou de séparation, dans un bâtiment.

Nuance d'acier

Classification des aciers en fonction de leur emploi, de leurs caractéristiques physiques ou mécaniques ou de leur composition chimique.

OSB

Panneau à plusieurs couches, principalement constituées de lamelles de bois, et liées ensemble avec un liant. Les lamelles des couches extérieures sont alignées et disposées parallèlement à la longueur ou à la largeur du panneau. Les lamelles de la ou des couches intérieures peuvent être orientées aléatoirement ou alignées, généralement perpendiculairement, à la direction des lamelles des couches extérieures (définition NF EN 300).

Palée de stabilité-contreventement

Élément de structure assurant la résistance d'une construction à des forces qui s'exercent horizontalement et sont dues notamment au vent et au séisme.

Panne de toiture

Élément de toiture horizontal supportant les chevrons ou d'autres éléments de couverture.

Panneau de particules

Matériau en plaque fabriqué sous pression et chaleur à partir de particules de bois (grands copeaux, particules « copeaux de rabotage », sciure et similaire) (définition NF EN 309).

Plancher

Élément de construction portant la surface inférieure de tout espace d'un bâtiment et comprenant éventuellement des solives supports.

Poutre au vent

Poutre horizontale de toiture dont la fonction est de retransmettre aux ossatures principales soit au sommet, soit à mi-hauteur, les efforts qu'elle reçoit.

Rail (haut, bas)

Élément horizontal filant destiné à recevoir (par le dessus ou le dessous) des éléments de charpentes (montants, diagonales).

Soubassement

Partie inférieure saillante d'un mur ou d'un élément de construction à la base d'un poteau. Assimilé à un ouvrage de fondation.

Réglementation, normes et autres documents de référence

DTU

NF DTU 32.1 - Charpentes et ossatures en acier

- Partie P1-1 : Cahier des Clauses Techniques type (indice de classement : P22-201-1-1), novembre 2020.
- Partie P1-2 : Critères généraux de choix des matériaux (indice de classement : P22-201-1-2), novembre 2020.
- Partie P2 : Cahier des Clauses administratives Spéciales types (indice de classement : P22-201-2), novembre 2020.

NF DTU 32.3 – Construction d'ossatures en acier pour maisons et bâtiments résidentiels

- Partie 1-1 : Cahier des clauses techniques (indice de classement P22-203-1-1), septembre 2015.
- Partie 1-2 : Critères généraux de choix des matériaux (indice de classement P22-203-1-2), septembre 2015.
- Partie 2 : Cahier des clauses administratives spéciales types (indice de classement P22-203-2), septembre 2015.
- Partie 3 : Mémento (indice de classement P22-203-3), septembre 2015.

Normes

NF EN 1090-2 : Exécution des structures en acier et des structures en aluminium – Partie 2 : Exigences techniques pour les structures en acier (indice de classement P22-101-2), juin 2018 + complément national CN (novembre 2020).

NF EN 1090-4 : Exécution des structures en acier et des structures en aluminium - Partie 4 : exigences techniques pour éléments et structures en acier formés à froid pour applications en toiture, plafond, paroi verticale et plancher (Indice de classement : P22-101-4), juillet 2018.

NF EN 1993-1-1 : Calcul des structures en acier – Partie 1-1 : Règles générales et règles pour les bâtiments (indice de classement P22-311-1), octobre 2005 + amendement A1 (juillet 2014).

NF EN 1993-1-2 : Calcul des structures en acier – Partie 1-2 : Règles générales – Calcul du comportement au feu (indice de classement P22-312-1), novembre 2005.

NF EN 1993-1-3 : Calcul des structures en acier – Partie 1-3 : Règles générales – Règles supplémentaires pour les profilés et plaques formés à froid, mars 2007.

NF EN 1993-1-8 : Calcul des structures en acier – Partie 1-8 : Calcul des assemblages (indice de classement P22-318-1), décembre 2005.

NF EN 1992-1-1 : Calcul des structures en béton – Partie 1-1 : Règles générales et règles pour les bâtiments (indice de classement P18-711-1), octobre 2005 + Amendement A1 (février 2015).

NF EN 1995-1-1 : Conception et calcul des structures en bois – Partie 1-1 : Généralités – Règles communes et règles pour les bâtiments (indice de classement P21-711-1), novembre 2005 + Amendement A1 (octobre 2008) + Amendement A2 (juillet 2014).

NF EN 1998-1-1 : Calcul des structures pour leur résistance aux séismes – Partie 1 : Règles générales, actions sismiques et règles pour les bâtiments (Indice de classement : P 06-030-1), septembre 2005 + Amendement A1 (mai 2013).

Autres documents de référence

Recommandations CNC2M pour l'application des NF EN 1090-4 et NF EN 1993-1-3 - N0676, avril 2020.

Recommandations pour la détermination des classes d'exécution selon la NF EN 1090-2 pour les structures en acier de bâtiment, BNCM/CNC2M - N0169, janvier 2015.

Recommandations professionnelles pour la conception et la réalisation de planchers collaborants acier béton, Neuf – Rénovation, Recommandation professionnelle PACTE, juillet 2020.

Référentiel de certification QB03 « Plaques profilées pour planchers collaborants acier-béton ».

European Lightweight Steel Frame Construction – European Lightweight Steel Construction Association (LSK).

Bonnes Pratiques pour la construction de structures en acier – Bâtiments à usage résidentiel. CTICM, 2008.

Index

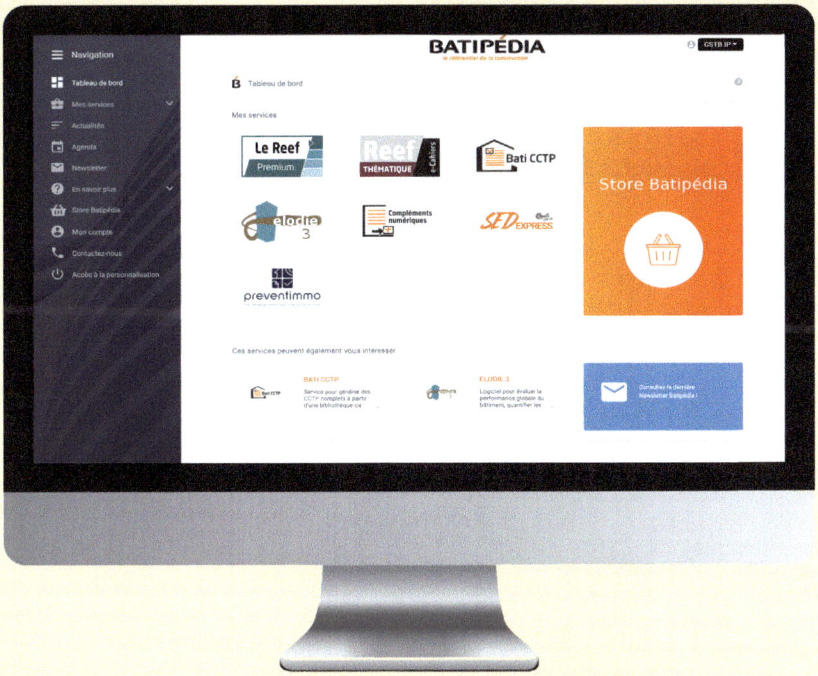

BATIPEDIA.COM

L'adresse web unique et incontournable des professionnels de la construction, pour chercher, consulter, comprendre et suivre en temps réel le **référentiel technique et réglementaire** de la construction.

Le complément indispensable à votre ouvrage pour suivre des dernières évolutions réglementaires et bénéficier de compléments d'informations.

Revêtements de sol scellés en intérieur et extérieurs

Les sous-couches isolantes sous carrelage

Les peintures et revêtements muraux collés

Garde-corps de bâtiments

Les couvertures en tuiles

Écrans souples de sous-toiture

L'étanchéité des toitures-terrasses

Les vérandas

Installations de gaz dans les bâtiments d'habitation

Installations électriques et de communication des bâtiments d'habitation

Procédés de traitement des eaux

Plomberie et raccordements aux appareils

Collection Guide Pratique Développement durable

Installation d'assainissement autonome

Procédés non traditionnels d'assainissement autonome

Perméabilité à l'air de l'enveloppe

Étanchéité à l'air des réseaux de ventilation

Les ponts thermiques dans le bâtiment

Maisons et bâtiments à ossature bois

Fenêtres en travaux de rénovation Aluminium, bois, PVC

Fenêtres en travaux neufs

Volets roulants

Isolation thermique extérieure par enduit sur isolant PSE

Bardage rapporté sur ossature secondaire en bois

Bardage rapporté sur ossature secondaire métallique

Installations photovoltaïques en toiture et façade

Isolation des combles aménagés

Isolation des combles perdus

Isolation en sous face des planchers bas

Isolation des toitures-terrasses

Les toitures et terrasses végétalisées

Végétalisation des murs

Ventilation mécanique contrôlée dans le résidentiel

Ventilation double-flux dans le résidentiel

Construction d'une cheminée

Chauffe-eau solaire individuel

Pompe à chaleur géothermique

Pompe à chaleur air/air et air/eau

Plancher chauffant - rafraîchissant basse température

Structures en bois lamellé croisé

Collection Guide Pratique Aménagements urbains durables

Aires de jeux

Conception et mise en œuvre des clôtures et portails

L'arbre en milieu urbain

Les haies urbaines et péri-urbaines

PEFC
10-31-1316

Certifié PEFC

Ce produit est issu de forêts gérées durablement et de sources contrôlées

www.pefc-france.org

Ce guide est imprimé sur du papier 100 % PEFC (issu de forêts gérées durablement), avec des encres à base d'huile végétale et au mouillage sans alcool.
La réalisation a été faite par Jouve-Print

Achevé d'imprimer en avril 2021 - Dépôt légal : 2963165R